FORSCHUNGSBERICHTE DES LANDES NORDRHEIN-WESTFALEN

Nr. 1802

Herausgegeben
im Auftrage des Ministerpräsidenten Heinz Kühn
von Staatssekretär Professor Dr. h. c. Dr. E. h. Leo Brandt

DK 620.182.27:620.186.14:669.141.241.4

Prof. Dr. phil. Walter Koch
Dipl.-Chem. Dr. rer. nat. Günther Holec

Max-Planck-Institut für Eisenforschung, Düsseldorf

Isolierung und Untersuchungen der Oxydeinschlüsse in unberuhigten und teilberuhigten Stählen

WESTDEUTSCHER VERLAG · KÖLN UND OPLADEN 1967

ISBN 978-3-663-06354-4   ISBN 978-3-663-07267-6 (eBook)
DOI 10.1007/978-3-663-07267-6

Verlags-Nr. 011802

© 1967 by Westdeutscher Verlag, Köln und Opladen

Gesamtherstellung: Westdeutscher Verlag

Inhalt

A) Stand der Entwicklung bei der Sauerstoffbestimmung und Oxydisolierung in beruhigten und unberuhigten Stählen 7

B) 1. Chemische und elektrochemische Vorgänge an Wüstitelektroden in nahezu neutralen Elektrolyten 9

   2. Die Bedingungen zum Freilegen des Wüstits aus der α-Eisenmatrix 17

   2.1 Herstellung von Eisen mit Wüstiteinschlüssen 17

   2.2 Untersuchung der wüstithaltigen Proben 19

   3. Veränderung des Wüstits bei Wärmebehandlungen 26

   4. Sauerstoffgehalt in isolierten Oxyden 29

   5. Mangangehalte im isolierten Wüstit 31

   6. Versuche in JCl$_3$-Lösungen in Estern 31

   7. Silikate neben Wüstit in unberuhigten und unvollständig beruhigten Stählen 34

   7.1 Herstellung des Probematerials 34

   7.2 Isolierungsbedingungen 34

   8. Änderungen der Phasen bei Wärmebehandlungen 35

   9. Änderungen der Phasen bei der Chlorierung 36

   10. Sauerstoffbestimmung und Isolierungsergebnis 40

C) Zusammenfassung 41

D) Literaturverzeichnis 43

A) Stand der Entwicklung bei der Sauerstoffbestimmung und Oxydisolierung in beruhigten und unberuhigten Stählen

Die Ermittlung des Sauerstoffgehaltes in Stahl wird heute im allgemeinen nach dem Heißextraktionsverfahren [1–9] vorgenommen. Die daneben bekanntgewordenen Verfahren durch Vakuumspektralanalyse [10], Neutronenaktivierung [11] und Festkörpermassenspektrometrie [12] stehen in der Entwicklung und haben bisher noch keine praktische Bedeutung erlangt. Will man zusätzlich zum Sauerstoffgehalt Auskünfte über die Bindung des Sauerstoffs erhalten, so muß man die Oxyde nach chemischen und elektrochemischen Isolierungsverfahren freilegen und anschließend durch eine sogenannte Chlorvakuumsublimationsbehandlung [13–32] oder Magnetabtrennung [33] von den anderen mitfreigelegten Gefügebestandteilen abtrennen. Die Einschlüsse können dann analytisch [34–37], mikroskopisch [14] und auf ihre Strukturen [14] hin weiter untersucht werden. Die Sauerstoffgehalte, die sich bei den gleichen Proben aus der Gasanalyse und aus der Isolierung der Einschlüsse ergeben, wurden schon vielfach miteinander verglichen [14–18]. Sie lassen sich wie folgt zusammenfassen:

1. Bei beruhigtem kohlenstoffarmen Eisen stimmen die Ergebnisse gut überein [16].
2. Das gleiche gilt bei beruhigtem kohlenstoffhaltigen Eisen und bei vielen niedriglegierten Bau- und Werkzeugstählen [17, 18], wenn man gewisse Bedingungen bei der Halogenbehandlung einhält.
3. Einschränkend zu Punkt 1 und 2 wurde neuerdings festgestellt [7–9, 19–22], daß man bei aluminiumlegierten oder mit Aluminium vollberuhigten Stählen beim Heißextraktionsverfahren niedrigere Sauerstoffgehalte findet als beim Isolierungsverfahren. Diese Minderbefunde wurden zunächst im Schrifttum sehr verschieden gedeutet [21]. So wurde darauf hingewiesen [19, 20], daß neben den Oxyden auch Aluminiumnitrid wegen seiner hohen Beständigkeit chemischen und elektrochemischen Angriffen gegenüber zum Teil im Isolat verbleiben kann. An anderer Stelle [21] wurde vermutet, daß bei der Isolierung eine anodische Oxydation auftritt und dadurch zusätzlich Oxyde entstehen. LUKASCHEWITSCH und DUWANOWA [22] machen demgegenüber darauf aufmerksam, daß die Ursache bei der Sauerstoffbestimmung zu suchen ist. Durch vergleichende Versuche von K. ABRESCH und W. KOCH [7] wurde schließlich festgestellt, daß der Sauerstoffgehalt Al-beruhigter sauerstoffreicher Stähle bei üblicher Durchführung sowohl beim Trägergas- als auch beim Vakuumverfahren in der Tat zu niedrig gefunden wird. Zu dem gleichen Ergebnis gelangten H. SCHENCK, M. G. FROHBERG und K. G. SCHMITZ [9] bei der Untersuchung des gleichen Probematerials. Die sehr erheblichen Minderbefunde an Sauerstoff wurden in den letztgenannten Arbeiten auf ein

Verspritzen von Einschlüssen zurückgeführt, das nach den Beobachtungen immer dann eintritt, wenn schwer reduzierbare Einschlüsse (im vorliegenden Fall Korund) und leicht reduzierbare (Kalziumaluminat) nebeneinander vorliegen. Es wird weiter mitgeteilt, daß man bei Proben, die nur Al_2O_3 enthalten, den Sauerstoff quantitativ erfaßt hat.

4. Während man bei beruhigten Stählen zu vergleichbaren Ergebnissen kommt, gelingt das bei unberuhigtem und teilberuhigtem Stahl nicht. Grund dafür ist vor allem die geringe chemische Beständigkeit der in diesen Stählen auftretenden Oxydphasen des Wüstitmischkristalls (Fe, Mn)O und der Orthosilikate [(Fe, Mn)O]$_2$SiO$_2$, die bisher nicht quantitativ freigelegt werden konnten.

In dieser Arbeit wurden nun Wege gesucht, auch diese Einschlüsse chemisch oder elektrochemisch freizulegen. Ferner wurde der Sauerstoff in den isolierten Einschlüssen, der bislang nur indirekt aus der Analyse der anderen Elemente errechnet worden war, bestimmt und mit dem Gesamtsauerstoff nach dem Heißextraktionsverfahren verglichen.

B) 1. Chemische und elektrochemische Vorgänge an Wüstitelektroden in nahezu neutralen Elektrolyten

Zur Untersuchung von Einschlüssen müssen sie zunächst durch eine chemische oder elektrochemische Teilauflösung freigelegt werden. Dabei muß man die Bedingungen so wählen, daß die Matrix aufgelöst wird, die Oxyde aber unangegriffen zurückbleiben. Die Einschlüsse beruhigter Stähle sind im allgemeinen Nichtleiter. Im Gegensatz dazu besitzen die Einschlüsse unberuhigter und teilberuhigter Stähle Halbleitereigenschaften, so daß ihre Beständigkeit nicht nur vom pH-Wert, sondern auch vom Potential abhängig ist. Im Kristallgitter des erstarrten Wüstits z. B. sind eine Reihe von Eisengitterplätzen unbesetzt. Zur

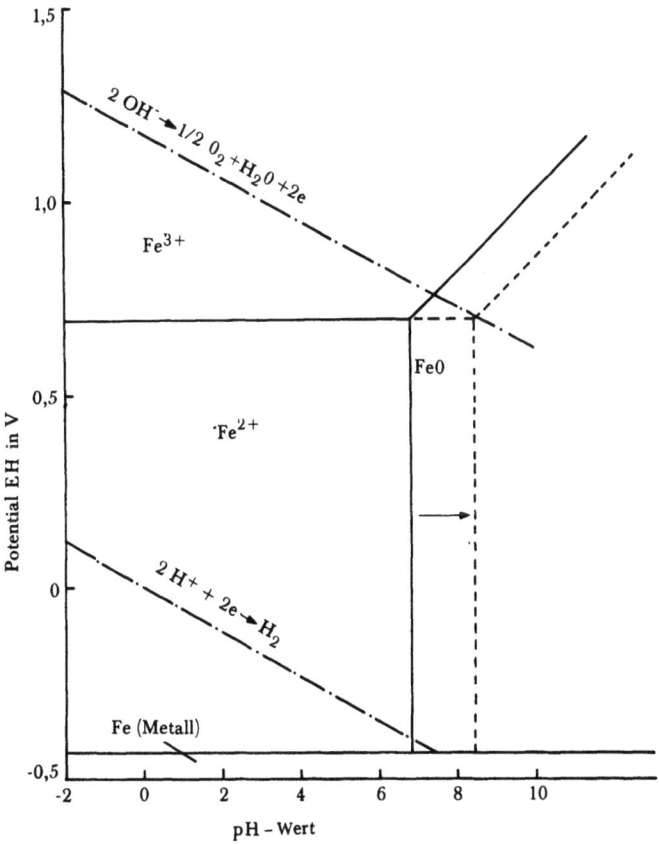

Abb. 1 pH-Potential-Schaubild des Wüstits nach WEVER und ENGELI

Aufrechterhaltung der elektrochemischen Neutralität sind einzelne zweiwertige Eisenionen durch dreiwertige ersetzt, wodurch dieses Oxyd eine gewisse Elektronenleitfähigkeit erhält. Diese Abhängigkeit der Beständigkeit von Potential und pH-Wert ist für reinen Wüstit von F. WEVER und H. J. ENGELL [38] thermodynamisch berechnet worden. Die graphische Auswertung dieser Berechnung wird in Abb. 1 dargestellt. Man ersieht daraus, daß der Wüstit in einem Elektrolyten, der eine 1-molare Eisenionenkonzentration aber keinen Komplexbildner enthält, bei einem pH-Wert 6,9 bis zu Potentialen von 770 mV$_{EH}$ beständig ist. Unterhalb dieses Potentials soll er sich bei niedrigeren pH-Werten nach der Gl. (1)

$$FeO + 2\,H^+ \rightleftarrows Fe^{2+} + H_2O \tag{1}$$

und oberhalb dieses Potentials nach Gl. (2)

$$FeO + 2\,H^+ \rightleftarrows Fe^{3+} + H_2O + e \tag{2}$$

auflösen. Bei geringeren Eisenionenkonzentrationen verschiebt sich der Beständigkeitsbereich des Wüstits zu höheren pH-Werten. Da aber einerseits eine hohe Eisenionenkonzentration schon bei geringfügiger Oxydation, z. B. durch im Wasser gelösten Sauerstoff, zur Eisen (III)-hydroxyd-Ausscheidung führt, und andererseits sich der pH-Wert mit steigendem Fe-Gehalt ändert, wie das von W. KOCH und H. SUNDERMANN [23, 24] festgestellt wurde, muß dem Elektrolyten – wie das in der elektrolytischen Isolierung üblich ist – ein Komplexbildner zugefügt werden, der die Eisen(III)ionen abbindet. Dabei werden aber auch die Eisen(II)ionen komplex gebunden, wobei also die Eisenionenkonzentration stark herabgesetzt wird, was nur durch eine weitere Erhöhung des pH-Wertes ausgeglichen werden könnte.

Da die Versuche von WEVER und ENGELL nur in sauren, von Komplexsalzen freien, Elektrolyten durchgeführt wurden, läßt sich aus ihnen nicht ohne weiteres ableiten, wie die Auflösung in neutralen Elektrolyten abläuft und wie weitere Bestandteile in einem solchen Elektrolyten sich praktisch auf die Auflösung auswirken. Um dieser Frage nachzugehen, wurde daher eine Elektrode aus synthetischem, manganhaltigem Wüstit hergestellt. Dazu werden ca. 15 g Fe$_2$O$_3$ in einem Eisentiegel mit 30 mm ⌀ und 60 mm Länge bei ca. 1400°C niedergeschmolzen, 10 min auf Temperatur gehalten und in eine Kupferkokille von 1 cm ⌀ abgegossen. Beim Schmelzen setzt sich das Fe$_2$O$_3$ mit dem Fe des Tiegels nach Fe$_2$O$_3$ + Fe $\rightleftarrows$ 3 FeO um. Da die Reduktion in einem Schmelzprozeß nicht vollständig zu Ende abläuft (es entsteht zum Teil Magnetit gemäß 4 Fe$_2$O$_3$ + Fe $\rightleftarrows$ 3 Fe$_3$O$_4$) wird der vorliegende Rohwüstit zerkleinert und erneut im Eisentiegel bei 1400°C aufgeschmolzen. Dabei setzt sich der noch vorhandene Magnetit auch zu FeO um. Bei dieser zweiten Schmelze werden 5% reines MnO zugegeben und die Temperatur bei ca. 1400°C 10 min lang gehalten.

Durch Vergießen der Oxydschmelze in eine Kupferkokille von 1 cm ⌀ wurde so eine zylinderförmige Probe erhalten, die in Abb. 2 schematisch dargestellt ist. Ihre chemische Zusammensetzung war 73,7% Fe, 3,56% Mn und 22,7% O.

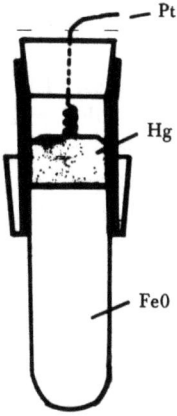

Abb. 2   Schema einer synthetischen Wüstitelektrode

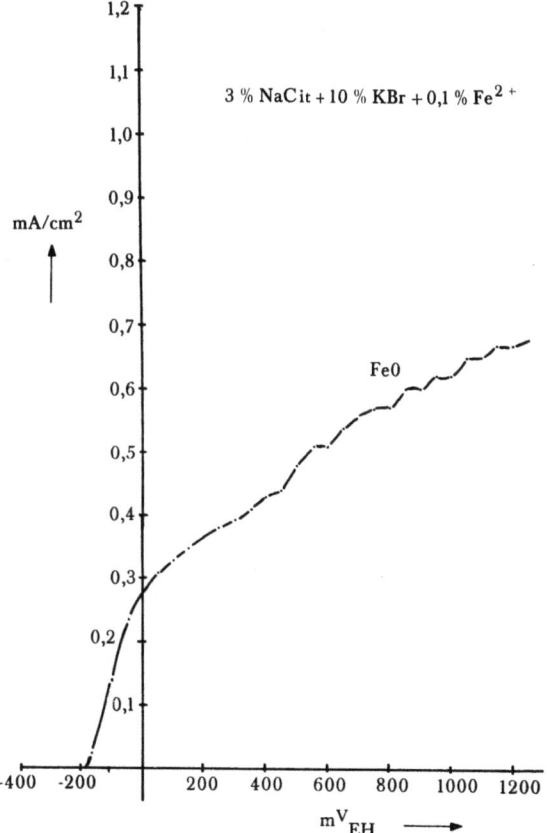

Abb. 3   Stromdichte-Potential-Kurve von Wüstit

Taucht man diese Elektrode in eine wäßrige Lösung, die neben etwa 0,1% Fe[1] 3% Natriumcitrat und 1% Natriumbromid enthält und auf einen pH-Wert von 7,5 eingestellt ist, so stellt sich an dieser Elektrode ein Ruhepotential von etwa — 200 mV$_{EH}$ ein. Steigert man von diesem Punkt ausgehend das Potential mit Hilfe eines Potentiostaten und registriert die jeweils zugehörige Stromdichte, so erhält man die in Abb. 3 wiedergegebene Stromdichte-Potential-Kurve. Die Kurve verläuft insgesamt relativ flach; der Anstieg ist jedoch im Bereich bis zu 0 mV etwas steiler als bei den höheren Potentialen. Auch im Bereich von + 750–800 mV ist in der Kurve kein Knickpunkt festzustellen, der etwa auf das Einsetzen der angegebenen Reaktion (2) hinweisen würde.

Die Einstellung des Potentials und das Ablesen der Stromdichte mußten bei diesen Versuchen relativ schnell erfolgen, da der Strom nicht konstant bleibt, sondern bei allen Potentialen mit der Zeit etwas abfällt.

Bei Beginn einer elektrolytischen Isolierung hat man praktisch zumeist einen eisenfreien Elektrolyten, dessen pH-Wert man zuvor durch Zugabe von etwas HBr und Zitronensäure bzw. Natronlauge auf einen gewünschten Wert einstellen kann. Mit derartigen Elektrolyten erhält man, wie aus den Abb. 4 (A, B und C) hervorgeht, einen ähnlich flachen Verlauf der Stromdichte-Potential-Kurve[2].

Zur Demonstration der Veränderung, die durch die Polarisation eintritt, werden die gleichen Stromdichte-Potential-Kurven zusätzlich auch nach einer Wartezeit von 5 min und mit geringerer Geschwindigkeit aufgenommen (Kurven b und c in den Abb. 4A, B und C). Durch die Polarisation verschieben sich die Kurven nicht nur zu niedrigeren Stromdichten hin, sondern man beobachtet auch eine Erhöhung des Ruhepotentials. Nimmt man mit einer Elektrode aus metallischem Eisen eine Stromdichte-Potential-Kurve auf, so hat diese ein Ruhepotential bei — 480 mV$_{EH}$ und die Kurve steigt mit dem Potential dann sehr viel steiler an als die des Wüstits. Die unterschiedliche Lage und Steilheit beider Kurven ist in Abb. 5 dargestellt.

Diese Beobachtungen sagen zunächst noch nichts darüber aus, welcher Art der elektrochemische Vorgang ist, der an der Wüstitelektrode abläuft, und ob er zu einer Auflösung des Wüstits führt oder beiträgt. Selbst wenn man aber einmal annimmt, daß der fließende Strom unmittelbar mit einer Auflösung des Wüstits etwa nach Gl. (2) verbunden sein würde, ließe sich aus den Kurven doch ablesen, daß beim Ruhepotential des Wüstits (— 200 mV) die Stromdichte an der Eisenelektrode bereits so groß ist, daß es grundsätzlich möglich sein müßte, das Eisen aufzulösen, ohne daß ein elektrochemischer Angriff des Wüstits erfolgen kann. Bei höheren Potentialen würde ein eventueller Angriff, nach dem flachen Verlauf der Kurve am Wüstit zu urteilen, aber relativ gering bleiben. Man müßte allerdings, wenn das Auflösen über längere Zeit geht, dabei in Rechnung stellen, daß sich während einer Isolierung die freigelegte Oberfläche des Wüstits laufend

[1] Das Fe wurde durch anodische Auflösung von Reinsteisen eingebracht.
[2] Diese ursprünglich Punkt für Punkt aufgenommenen Kurven wurden später mit einem Gerät mit Motorpotentiometer wiederholt. Für die Bereitstellung dieses Gerätes sei der ATH herzlichst gedankt.

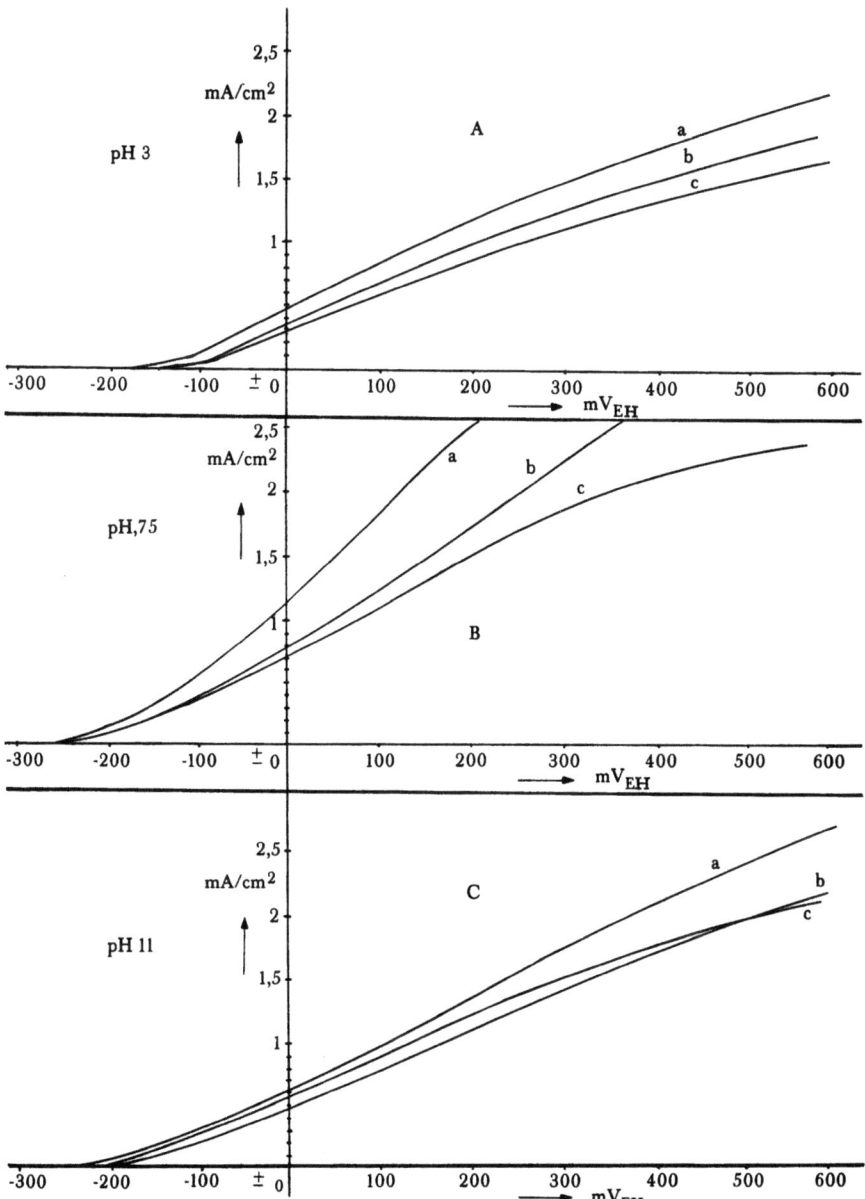

Abb. 4 Abhängigkeit der Stromdichte-Potential-Kurven vom pH-Wert und dem Potentialvorschub

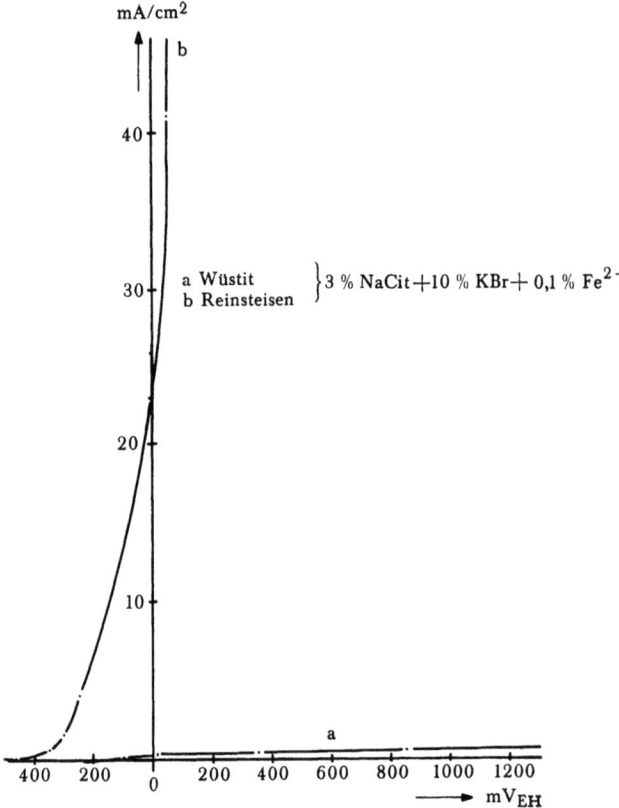

Abb. 5 Stromdichte-Potential-Kurven von Wüstit und Reinsteisen

erhöht, die des Eisens aber praktisch gleich bleibt. Vergleicht man das Verhältnis der Auflösungsstromdichte des Eisens zu der am Wüstit beobachteten Stromdichte bei den verschiedenen angelegten Potentialen, so erhält man eine Abhängigkeit, wie sie in Abb. 6 dargestellt ist. Das Verhältnis steigt mit wachsendem Potential zunächst an, hat bei etwa 0 mV ein Maximum und fällt schließlich bei höheren Potentialen flacher wieder ab. Bei Elektrolyten etwas anderer Zusammensetzung (im Bereich pH 3–11) verläuft die Kurve ähnlich, nur liegen Wendepunkt und Maximum bei anderen Potentialen, und auch das Verhältnis selbst ändert sich etwas.

Es könnte somit immerhin möglich sein, daß bei einer Isolierung die freigelegten Wüstitmengen oberhalb des Ruhepotentials aus elektrochemischen Gründen zunächst etwas absinken, bei höheren Potentialen dann aber wieder ansteigen würden.

Um die Reaktionen an der Wüstitelektrode besser kennenzulernen, wurde in weiteren Versuchen ein Potential von 650 mV angelegt und bei diesem Potential 24 h lang elektrolysiert. Dieser Versuch wurde wieder in den Elektrolyten mit

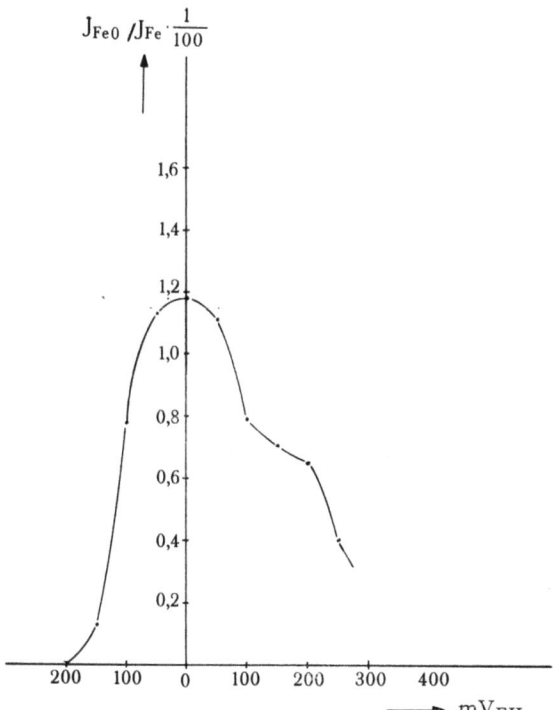

Abb. 6 Abhängigkeit des vorgeg. Potentials vom Verhältnis der Stromstärke

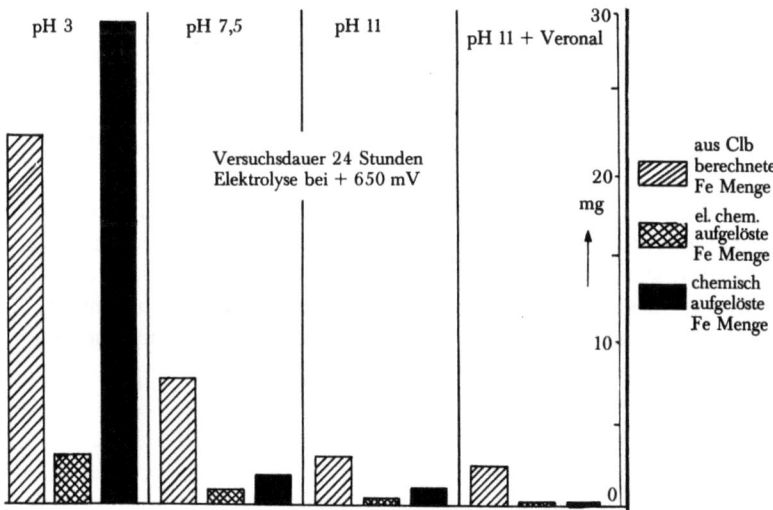

Abb. 7 Chemische und elektrochemische Auflösung von synthetischem Wüstit bei unterschiedlichen pH-Werten

unterschiedlichen pH-Werten vorgenommen und jeweils das aufgelöste Eisen mikroanalytisch bestimmt. Gleichzeitig wurde der Strom verfolgt. Er fiel zumeist im ersten Zeitabschnitt der Elektrolyse stärker ab, um dann einem Endwert zuzustreben. Die Gesamtstrommenge in 24 h wurde jeweils aus den Strom- und Zeitwerten errechnet. Neben der elektrochemischen Auflösung wurde in Parallelversuchen eine gleiche Wüstitprobe stromlos in den gleichen Elektrolyten gebracht. Darin wurde das rein chemisch aufgelöste Eisen ebenfalls mikroanalytisch bestimmt. Die Ergebnisse sind in Abb. 7 zusammengestellt.

Vergleicht man zunächst die analytisch ermittelten Eisenwerte mit den aus den Strommengen nach Gl. (2) zu erwartenden, so stellt man fest, daß praktisch nur ein kleiner Bruchteil des Stroms der Auflösung des Eisens nach Gl. (2) gedient haben kann. Vergleicht man damit weiter die rein chemisch ohne Stromfluß aufgelöste Eisenmenge, so erkennt man, daß diese in allen Fällen bedeutend höher als die unter Stromfluß aufgelöste ist. Es ergibt sich somit, daß der Strom nicht zu einer Eisenauflösung führte, sondern im Gegenteil die chemische Auflösung behindert hat. Offensichtlich wird der Wüstit durch die Elektrodenreaktion, die sich an ihm abspielt, passiviert. Vielleicht spielt bei dieser Reaktion die Entladung von OH⁻-Ionen eine Rolle, und es entsteht dabei eine nichtleitende Deckschicht etwa nach dem Reaktionsschema der Gleichung

$$2\ FeO + 2\ OH^- - 2\ e \rightleftarrows Fe_2O_3 + H_2O \qquad (3)$$

oder es verbleibt bei anfänglicher Bildung von Fe²⁺-Ionen eine an Sauerstoff angereicherte Schicht, die ebenfalls zum Verlust der Leitfähigkeit führt, etwa nach der Gleichung

$$FeO - 2\ e \rightleftarrows Fe^{++} + O \qquad (4)$$

Vergleicht man die Ergebnisse bei den verschiedenen pH-Werten untereinander, so zeigt sich, daß schwachsaure Elektrolyten (pH 3) zur Isolierung wenig geeignet sind, da sich in ihnen bereits relativ hohe Mengen an Wüstit auflösen, daß hingegen die Bedingungen im neutralen und schwachbasischen Elektrolyten (pH 7,5 und pH 11) wesentlich günstiger sein müssen.

Da bei einer Isolierung durch Auflösung des metallischen Eisens stets mit einem pH-Abfall gerechnet werden muß [23, 24], wurde in einem weiteren Versuch ein Elektrolyt verwendet, der durch Zugabe eines Veronalpuffers auf pH 11 eingestellt wurde. In diesem Elektrolyt war, wie aus Abb. 7 hervorgeht, die Eisenauflösung noch wesentlich geringer als in den ungepufferten neutralen und schwachalkalischen Elektrolyten.

2. Die Bedingungen zum Freilegen des Wüstits aus der α-Eisenmatrix

2.1 Herstellung von Eisen mit Wüstiteinschlüssen

Um nach diesen Versuchen den praktischen Bedingungen der Isolierung am Wüstit näherzukommen, wurde nun wüstithaltiges Eisen mit verschiedenen Mangangehalten hergestellt. Dazu wurde zunächst Reinsteisen im Vakuumofen in einem Tiegel aus Elektro-Magnesia niedergeschmolzen. Ihm wurde Sauerstoff in Form von Fe_2O_3 zugesetzt und dann durch Zugabe etwas reinem Mangan der jeweils gewünschte Mangangehalt eingestellt. Die Schmelzen wurden dann im Vakuum in einer Gußeisenkokille vergossen. Da sie praktisch kohlenstofffrei waren, erstarrten sie ruhig. Das Versuchsmaterial wurde nun aus dem Fuß des Blöckchens entnommen und bei relativ niedriger Temperatur zu einer Stange von ca. 15 mm ⌀ ausgeschmiedet. In diesen Proben wurden Mangan, Sauerstoff und die weiteren Verunreinigungen bestimmt. Tab. 1 gibt die chemische Zusammen-

Tab. 1 Chemische Zusammensetzung der Versuchsproben

Nr.	C	Si	Mn	P	S	N	Al	Cu	O_{Vakuum}	$O_{Trägergas}$
1	0,020	0,01	0,031[5]	0,005	0,007	n. b.	0,004	0,005	0,097±0,001	0,089±0,004
2	0,005	0,001	0,079	0,003	0,004	0,003	0,004	n. b.	0,145±0,0008	0,137±0,006[5]
3	0,003	0,001	0,550	0,003	0,005	0,002	0,003	n. b.	0,049±0,000[5]	0,049±0,004

setzung der drei Versuchsgüsse wieder. Die Versuchsgüsse 1 und 2 enthielten die Wüstiteinschlüsse in kugeliger Form (Abb. 8a und b). Das kommt daher, daß der Wüstit einen niedrigeren Schmelzpunkt (1371°C) als Eisen besitzt, und die Tröpfchenform des zwischen 1500 und 1371°C vorhandenen Wüstits erhalten bleibt, während das Fe erstarrt. Ihre Größe ist abhängig von der Abkühlungsgeschwindigkeit der Schmelze, sie sinkt bei schneller Abkühlung. Die Oberfläche der Tropfen ist glatt. Unterhalb von 570°C ist der Wüstit instabil und zerfällt in α-Fe und Fe_3O_4. Infolge dieser Zerfallreaktion haben Wüstiteinschlüsse bei Raumtemperatur meist ferromagnetische Eigenschaften. Das in allen technischen Eisenschmelzen enthaltene Mangan reichert sich infolge seiner höheren Affinität zu Sauerstoff im Wüstit an und bildet mit ihm eine lückenlose Mischkristallreihe [41]. Dadurch wird der Schmelzpunkt des Oxyds erhöht. Von einem gewissen Mangangehalt an (~ 23%) erfolgt die Ausscheidung des Oxyds in fester Form, während die Eisenschmelze noch flüssig ist. Dann verlieren die Wüstiteinschlüsse ihre kugelige Form. Versuchsguß 3 enthält die Wüstite in körniger Form (Abb. 9), was darauf hinweist, daß der Schmelzpunkt dieses Oxyds > 1650°C war, woraus wieder geschlossen werden muß, daß sie einen entsprechend höheren Mangangehalt hatten [41]. Im technischen Eisen sind Wüstitkügelchen – auch abgesehen vom Teilzerfall zu α-Fe und Fe_3O_4 – nicht

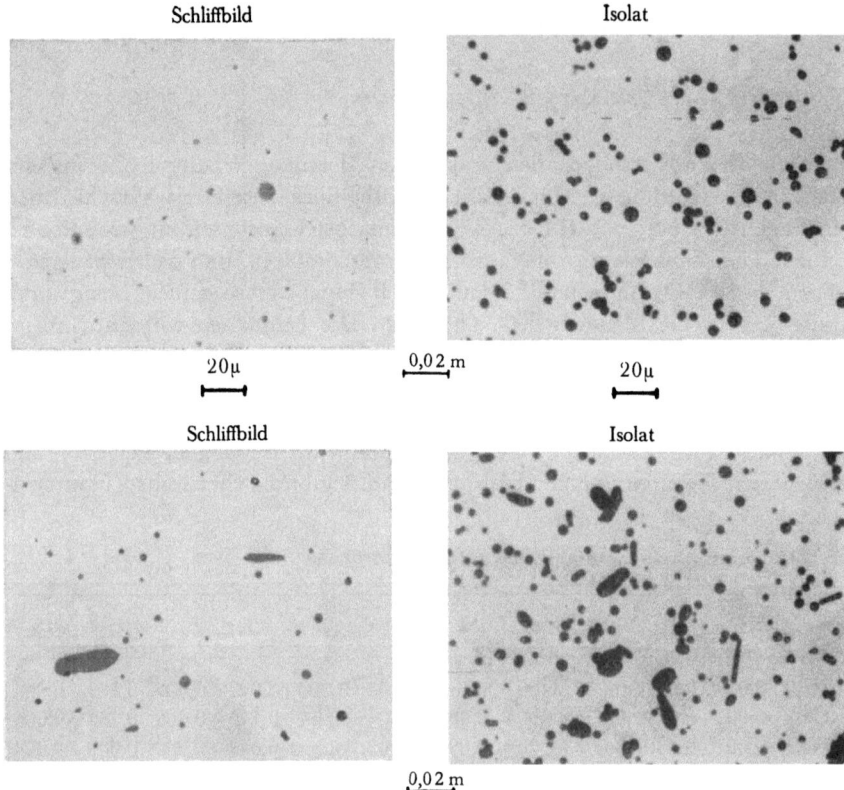

Abb. 8 Wüstit im Schliffbild und Isolat

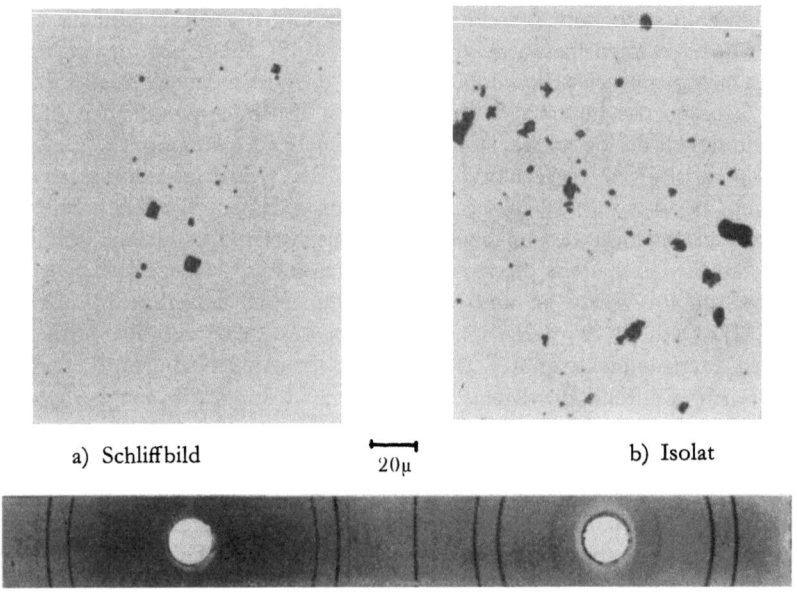

Abb. 9 Körniger Wüstit

a) Schliffbild   b) Isolat   c) Röntgenaufnahme

homogen. Sie enthalten neben dem Oxyd noch Sulfide, da Sulfide und Oxyde bei hohen Temperaturen in gewissem Umfang eine gegenseitige Löslichkeit haben, sich beim Abkühlen aber wieder entmischen.

2.2 Untersuchung der wüstithaltigen Proben

Mit den Proben 1 und 2 wurden nun Isolierungsversuche vorgenommen, um die Wüstiteinschlüsse aus den Proben freizulegen. Zur elektrolytischen Isolierung standen ein potentiostatischer Versuchsstand (Abb. 10) [32, 33] (5 Geräte) und ein galvanostatischer Versuchsstand (12 Geräte) zur Verfügung. Die Freilegung erfolgte in Isolierungsgefäßen von W. Koch und H. Sundermann [23, 24]. Bei

Abb. 10   Potentialstatischer Versuchsstand (5 Geräte)

diesen Gefäßen ist der Kathodenraum durch ein Diaphragma von dem Anodenraum getrennt: dieser ist nach unten durchgehend erweitert und faßt zwei Liter Elektrolyt. Bei der anodischen Auflösung kann die spezifisch schwere Schliere des eisenhaltigen Elektrolyten am unteren Ende der Probe aufgefangen und durch einen Trichter zum Unterschichten des noch unverbrauchten Elektrolyten abgeleitet werden. Dadurch wird für eine kontinuierliche Erneuerung des Elektrolyten gesorgt. Die Unterschichtung erfolgt in scharfer Phasengrenze. Der Durchmesser des Ableitungsröhrchens richtet sich nach der Gesamtstromstärke. Man unterscheidet drei Zustände:

1. Es fließt mehr Elektrolyt nach, als verbraucht wurde (+).
2. Die verbrauchte Menge ist größer als die zufließende (—). Hierbei treten die Schlieren über den Rand des Trichters.
3. Es fließt gleich viel Elektrolyt nach, wie verbraucht wurde (=).

Man wählt zunächst ein Rohr entsprechend schwach (+), da der Zustand (=) praktisch schwer einstellbar ist, und setzt für die Isolierung von Fall zu Fall einen anderen Trichter ein. Bei richtiger Dimensionierung verbraucht man für 1 g aufgelöstes Eisen etwa ½ Liter Elektrolyt. Die 5 Potentiostaten werden von einem Netzgerät gespeist. Ein Röhrenvoltmeter dient zur Spannungskontrolle aller Proben. Zur Kontrolle der Elektrolyse und zur Verfolgung aller eventuell entstehenden Passivierungen und Teilpassivierungen sowie zur Berechnung der Menge aufgelöster Matrix wird der Strom aller Kanäle mit einem Mehrfarbenschreiber registriert.

Zur Isolierung wurden wiederum Elektrolyte vom schwachsauren bis zum schwachalkalischen Bereich verwendet. Die Basis aller Elektrolyte war eine Lösung von Kaliumbromid, der unterschiedliche Mengen an Reduktionsmitteln mit Komplexbildnern und Pufferlösungen zugefügt wurden. Im Kathodenraum wurden während der Elektrolyse zusätzlich 5 ml conc. HCl bzw. 4,1 g Zitronensäure pro Amperéstundenzahl zugegeben, um die Anreicherung an OH'-Ionen infolge kathodischer Wasserstoffabscheidung zu vermeiden [23, 24]. Gleichzeitig wurden bei diesen Versuchen die elektrochemischen Bedingungen Stromdichte und Potential abgewandelt. Ihre gegenseitige Abhängigkeit wurde durch Aufnahme von Stromdichte-Potential-Kurven in einem Elektrolyten aus 10% KBr und 3% Na-Citrat niedergelegt (Abb. 11). Im Gegensatz zu den Kurven von Probe 1 und Probe 2 mit einem Fe^{2+}-aktiven Verlauf, der mit höheren Mangangehalten sich zu positiveren Werten verschiebt, hat Probe 3 in der Hin-Reaktion einen teilpassiven Kurvenverlauf und in der Rück-Reaktion ein teilpassives Kurvenbild mit Buckel. Die Untersuchungsergebnisse der Isolierung sind in Tab. 2 wiedergegeben.

Versuche 1 und 2 enthalten zunächst das Ergebnis mit einem praktisch komplexsalzfreien Elektrolyten vom pH-Wert ~ 5.

Um in einem derartigen komplexfreien Elektrolyten die Ausscheidung von Hydroxyden zu verhindern, bedarf es des Zusatzes von Reduktionsmitteln, im vorliegenden Fall 0,5% Ascorbinsäure.

Bei der anodischen Elektrolyse, bei der man den Elektrolyten nicht durchrührt, darf man wohl von der Vorstellung ausgehen, daß — trotz Komplexbildung der Ascorbinsäure — in den Schlieren, die an der Oberfläche der Eisenproben absinken, der Fe^{2+}-Ionengehalt stets relativ hoch ist und in erster Linie von der Stromdichte abhängt, so daß hier eine hohe Fe^{2+}-Ionenkonzentration an der Elektrode gegeben ist. Der Zusatz von Salzen, die mit Fe^{2+} und Fe^{3+} feste Komplexe bilden, muß die Fe^{2+}-Ionenkonzentration im Elektrolyten erheblich herabsetzen. Man darf aber vielleicht trotzdem erwarten, daß auch dann an der unmittelbaren Oberfläche der Probe noch immer eine relativ hohe Konzentration an Fe^{2+}-Ionen aufrechterhalten wird, wenn die Fe-Ionen schneller entstehen, als die Komplexbildner hinzudiffundieren können.

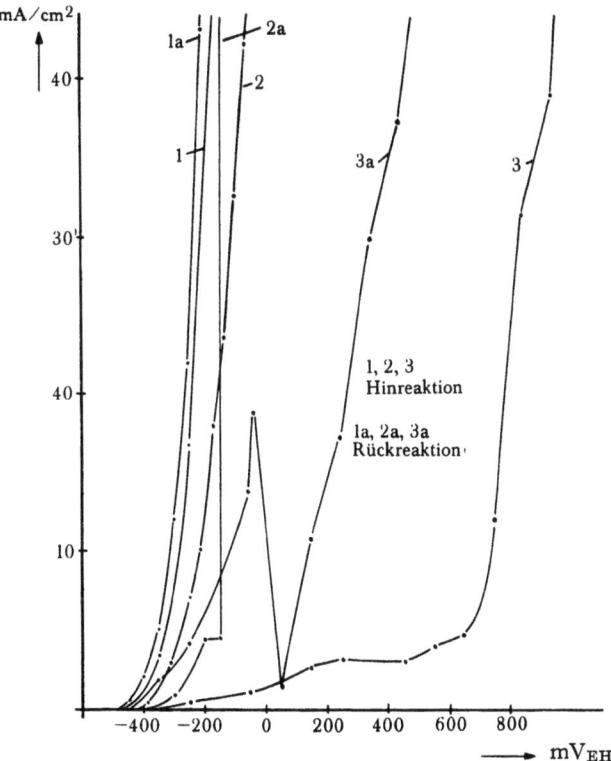

Abb. 11 Abhängigkeit der Stromdichte-Potential-Kurven vom Mn-Gehalt

Um die H^+-Ionenkonzentration zurückzunehmen, wurden weitere 0,5% Borax zugefügt. Aus den Ergebnissen ersieht man, daß von den – nach dem Sauerstoffgehalt der Legierung zu erwartenden – etwa 0,4% Oxydeinschlüsse nur ein kleiner Bruchteil ($< 10\%$) im Rückstand erhalten wurde. Der Versuch bestätigt somit, daß Elektrolyte mit relativ niedrigem pH-Wert zur Isolierung der Wüstiteinschlüsse nicht geeignet sind. Bei den weiteren Versuchen mit steigenden Mengen an Komplexbildnern wurde der pH-Wert der Lösung auf > 7 gesteigert. Der Erfolg dieser Maßnahme drückt sich im Ergebnis der Versuche 3 bis 5 deutlich aus. Die Ausbeute an Oxydrückständen liegt nun mit 0,30 bis 0,38% den Erwartungen schon relativ nahe. Eine mikroskopische Untersuchung der auf diese Weise freigelegten Einschlüsse ergab jedoch, daß sie noch mit kleinen Mengen an Eisenhydroxyden verunreinigt waren, ein Hinweis dafür, daß der Gehalt an Komplexbildnern noch nicht ausgereicht hatte, das Eisen vollständig in Lösung zu halten. Da die Leitfähigkeit des Elektrolyten in diesem Fall wesentlich größer war als beim Versuch 1 und 2, war auch die Stromdichte auf ca. 100 mA/cm² erhöht worden.

Wird der Querschnitt der Probe metallographisch betrachtet, so gewinnt man den Eindruck, daß die Oxydeinschlüsse nicht gleichmäßig verteilt sind. Man

Tab. 2 Zusammensetzung des el. chem. isol. Wüstit

Versuch Nr.	Probe Nr.	Elektrolyt	pH	Stromdichte bzw. Potential	Isolierungsdauer h	Isolatmenge %	Struktur und mikroskopischer Befund	Analyse MnO %	Analyse FeO %
1	(1)	3% KBr + 0,5%	5,2	30 mA	16	0,03	FeO	7,2	92,8
2	(1)	Asc.S. + 0,5% Borax	5,4	30 mA	16	0,04	FeO	6,7	93,3
3	(1)	10% KBr + 1% NaCit	7,0	100 mA	4	0,31	FeO + Hydroxyd + etwas Silikat	5,8	94,2
4	(1)	10% KBr + 3% NaCit + [4,1 g Cit.S./Ah im Kathoden-Raum]	7,5	100 mA	3	0,36	FeO + Hydroxyd + Silikat	4,9	95,1
5	(1)	10% KBr + 3% NaCit + [4,1 g Cit.S./Ah im Kathoden-Raum]	7,3	100 mA	4	0,38	FeO + Hydroxyd	4,8	95,2
6 Kegel	(1)	,,	7,5	100 mA	3	0,25	FeO	8,1	91,9
7 Kegel	(1)	10% KBr + 3% NaCit + [4,1 g Cit.S./Ah im Kathoden-Raum]	7,7	100 mA	3	0,22	FeO	7,6	92,4
8 Kegel	(1)	,,	7,3	100 mA	4	0,24	FeO	8,8	91,2
9	(1)	3% KBr + 5% NaCit	7,3	30 mA	6	0,30	FeO	7,8	92,2
10	(1)	+ [5 ml HCl/Ah im Kathoden-Raum]	7,3	30 mA	6	0,38	FeO	7,6	92,4
11	(1)	,,	7,3	70 mA	3	0,27	FeO	8,3	91,7
12	(1)	,,	7,3	90 mA	5	0,23	FeO + schw. ung. Lin.	8,0	92,0
13	(1)	,,	7,3	100 mA	4	0,33	FeO	7,8	92,2
14	(1)	3% KBr + 5% NaCit + 10% Veronal + NaOH	10,4	0 mV	3	0,36	FeO	9,7	90,3
15	(2)	3% KBr + 5% NaCit + [5 ml HCl/Ah im Kathoden-Raum]	7,3	30 mA	17	0,27	FeO, α-Fe	8,1	91,9
16	(2)	,,	7,3	70 mA	2	0,52	FeO, α-Fe	6,0	94,0
17	(2)	,,	7,3	100 mA	4	0,60	FeO, α-Fe	9,9	90,1
18	(2)	,,	7,3	100 mA	4	0,36	FeO	14,9	85,1
19	(2)	3% KBr + 5% NaCit + 10% Veronal + NaOH	11	−250 mV	3	0,53	FeO	17,3	82,7
20	(2)	,,	11	−140 mV	3	0,57	FeO	17,8	82,2
21	(2)	,,	11	−150 mV	3	0,53	FeO	20,5	79,5
22	(2)	,,	11	+ 30 mV	4	0,55	FeO	15,7	84,3

findet im Kern des Probegutes allgemein mehr Einschlüsse als in den Randzonen. Um Probenahmefehler so gering wie möglich zu halten, wurden bei einzelnen Proben des gleichen Versuchs kegelförmige Elektroden hergestellt, wodurch man die oxydischen Einschlüsse gleichmäßig aus allen Zonen des Querschnittes freilegen kann, aber durch Aufgabe der Geometrie beim galvanostatischen Arbeiten auch leicht unterschiedliche Stromdichten (bzw. Potentiale) erhält. In einigen Fällen waren einige Teile der Oberfläche aufgerauht, und das Isolat enthielt größere Mengen an α-Fe. Die Kegelproben haben aber den Nachteil, daß ihre Oberfläche nur $\frac{1}{3}$ der Zylinderprobe ausmacht, was eine Verlängerung der Isolierungszeit bei gleicher Isolatmenge bedingt, wodurch der Vorteil unter Umständen wieder verlorengeht (Versuche 6 bis 8).

Die Erkenntnis aus den Versuchen 3 bis 8, daß der Anteil an Komplexbildner noch zu gering war, führte nun zu den weiteren Versuchen 9 bis 13 und 15 bis 18, bei denen bei unterschiedlichen Stromdichten und einem pH-Wert > 7 ein Elektrolyt mit 5% Zitrat verwendet wurde. Bei allen Versuchen waren nun nach mikroskopischem Befund die freigelegten Oxyde frei von Eisenhydroxyden und bestanden, wie aus Abb. 8c und d hervorgeht, praktisch ausschließlich aus den gleichen kugeligen Wüstiteinschlüssen, wie sie in den Schliffbildern beobachtet wurden. Die im Isolat erhaltenen Wüstitmengen wiesen jedoch von Versuch zu Versuch noch relativ große Schwankungen auf. Nur bei den Versuchen mit den höchsten erhaltenen Mengen (z. B. bei dem Versuch 2 bis 5) fallen sie in den Streubereich der Sauerstoffanalyse (Tab. 1); in allen anderen Fällen erscheint die Isolatausbeute noch zu gering. Die Versuche 1,2 und 15 weisen zusätzlich darauf hin, daß auch lange Analysenzeiten zu relativ schlechten Oxydausbeuten führen. Schon aus diesem Grund scheint eine Isolierung mit relativ hoher Stromdichte und entsprechend kurzer Isolierungsdauer vorzuziehen sein. Die Ergebnisse, die bei Stromdichten von etwa 100 mA/cm² erhalten wurden, gehören mit zu den günstigsten.

Die relativ großen Streuungen waren bei diesen Versuchen zum Teil auf die Isolierungstechnik zurückzuführen. Freigelegte Karbide haften zumeist an der Probe fest, während kugelige Oxyde infolge ihrer Form und der kleinen Menge – sobald sie freigelegt worden sind – leicht von den Elektroden abfallen. Es ist dann schwierig, sie aus den Elektrolyten von mehreren Litern vollständig zu gewinnen. Um das zu erleichtern, wurde im Verlauf dieser Versuche die Probe mit einem zweiten Diaphragma umgeben (Abb. 12), das am oberen Rand feine Löcher besitzt, durch die der frische Elektrolyt in den nun wesentlich engeren Anodenraum zufließt. Am unteren Rand ist dieses zweite Diaphragma mit dem Trichter verbunden. Nach Beendigung der Elektrolyse kann man den Trichter mit einer Kunststoffspitze verschließen und behält so den größten Teil des Isolates in einem relativ kleinen Flüssigkeitsvolumen. Das restliche Isolat befindet sich dann nahezu vollständig im Zentrifugenglas der Isolierungsglocke, aus dem es ebenfalls leicht gewonnen werden kann.

Zur weiteren Untersuchung wurden die freigelegten Wüstitkügelchen von der Elektrolytlösung mit Hilfe von Filterstäbchen abgetrennt. Unmittelbar danach wurden von einem Teil des Isolates zur mikroskopischen Untersuchung Dauer-

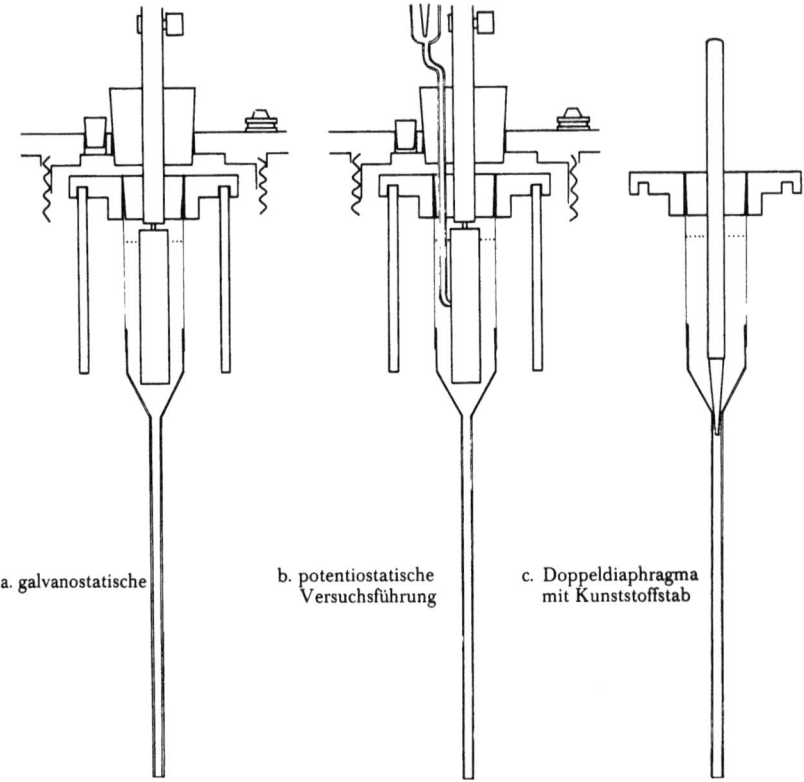

Abb. 12 Schema eines Doppeldiaphragmas zur Apparatur nach W. Koch und H. Sundermann

präparate hergestellt, um sie mit den metallographischen Bildern der Ausgangsmaterialien vergleichen zu können. Die Abb. 8 zeigen einen solchen Vergleich. Man erkennt sowohl in den Schliffbildern als auch im Dauerpräparat die typische Kugelgestalt der Wüstiteinschlüsse. Probe 2 enthält neben den Kugeln auch gestreckte Einschlüsse, die bei der Verformung des Stahles entstanden sind. Der Durchmesser der Einschlüsse ist verschieden groß, er liegt, wie man am Bild der isolierten Einschlüsse erkennt, zwischen 2 und 8 μ. Der Unterschied ist jedoch nicht so groß, wie man aus dem Schliffbild hätte erwarten können. Das liegt daran, daß im Schliff viele der Kugeln nicht in ihrem größten Querschnitt geschnitten wurden und dadurch kleiner erscheinen, als sie wirklich sind.

Trotz der Verwendung sehr reinen Einsatzes beim Schmelzen der Versuchsstähle sind die Einschlüsse nicht völlig homogen. Man erkennt bei den größeren Einschlüssen häufig eine Innen- und eine Randphase. Vereinzelt treten auch heller gefärbte kugelige Einschlüsse auf, die offenbar aus Silikaten bestehen.

Das Röntgenstrukturdiagramm erbrachte aber in allen Fällen nur die Linien des Wüstits (FeO) eines kubischen Gitters der Raumgruppe O_h^5 mit einer Gitterkonstanten $\alpha = 4,305$ kXE. Sie sind oft von schwachen Linien des α-Eisens begleitet, was im Hinblick auf den Wüstitzerfall in Fe_3O_4 und α-Eisen bei Temperaturen unterhalb 580°C auch erklärlich ist. Bei stärkeren Vergrößerungen beobachtet man auch im Schliffbild in den Oxydeinschlüssen hin und wieder ein α-Fe-Teilchen.

Die Analyse des freigelegten Wüstits auf die Hauptbestandteile Eisen und Mangan wurde mikroanalytisch photometrisch durchgeführt. Daneben wurden, um eventuell Verunreinigungen zu erkennen, spektralanalytische Untersuchungen auf weitere Elemente vorgenommen. Aus der Tab. 2, Versuche 6 bis 13, geht hervor, daß die ermittelten Mn-Gehalte im Elektrolyten von pH > 7 unabhängig von der Stromdichte relativ eng zusammenliegen. Die Werte streuen von 7,8 bis 8,5% MnO. Die weiteren Verunreinigungen SiO_2, Al_2O_3, CaO und MgO liegen allgemein < 1%.

War so das Ergebnis, das im Elektrolyten von pH > 7 erhalten wurde, schon relativ günstig, so sollte doch in weiteren Versuchen festgestellt werden, ob es gelang, noch günstigere Ergebnisse bei höheren pH-Werten zu erhalten. An der reinen Wüstitelektrode wurde hierzu ein Elektrolyt erprobt, dem als Puffer Veronal zugefügt worden war, wodurch der pH-Wert auf > 10 gehalten werden konnte. Er wurde nun zur Isolierung herangezogen. Bei einem derartig hohen pH-Wert ist die Neigung der Stahlproben zur teilpassiven Auflösung aber sehr groß, und man kann – wenn man eine glatte Auflösung erzielen will – praktisch nur potentiostatisch arbeiten. Die Versuche 14 sowie 19 bis 22 geben das Ergebnis der potentiostatischen Isolierung wieder, die bei Potentialen zwischen -250 und $+30$ mV_{EH} durchgeführt wurde. Man erhält bei diesen Bedingungen stets Isolat, die trotz des hohen pH-Wertes nach mikroskopischem Befund frei von Hydroxyden sind und stets hohe und relativ gleichmäßige Isolatausbeute erbrachten, nämlich rd. 90% der theoretisch erwarteten Ausbeute. Hier liegen wohl die günstigen Bedingungen dieser Versuchsreihe zur Isolierung der Wüstiteinschlüsse vor.

Während die Wüstiteinschlüsse der Proben 1 und 2 praktisch quantitativ freigelegt werden konnten, macht die Isolierung des körnigen Wüstits der Probe 3 noch Schwierigkeiten. Isolierungsversuche führen zu Isolatausbeuten mit großen Streuungen. Die Ausbeuten bestehen zumeist nur aus α-Fe, Quarz und α-MnS. Die Freilegung in einem Elektrolyten von pH 8, der aus 10% KBr, 3% Na-Citrat und 0,5% Ascorbinsäure + NaOH bestand, erbrachte Isolatausbeuten von 0,50%. Diese Ausbeute konnte in einen magnetischen (0,37%) und in einen schwachmagnetischen Anteil (0,13%) aufgetrennt werden. Im Dauerpräparat erscheinen die magnetischen Bestandteile als große kantige Einschlüsse, die röntgenstrukturanalytisch als α-Fe bestimmt wurden. In der schwachmagnetischen Fraktion sind körnige, würfelförmige Kristalle zu sehen, die mit den Einschlüssen im Schliffbild übereinstimmen (Abb. 9a–c). Das Pulverdiagramm weist sie eindeutig als Wüstit aus. Zur näheren Untersuchung müssen diese Versuche allerdings noch fortgesetzt werden.

3. Veränderung des Wüstits bei Wärmebehandlungen

Die Zusammensetzung der Einschlüsse muß sich nach den Zustandsschaubildern FeO und Fe—Mn—O [39, 41, 42] mit der Temperatur verändern. Bei den Proben, in denen die Oxyde sich beim Abkühlen und Erstarren der Schmelze gebildet haben, läßt sich jedoch nicht übersehen, bei welcher Temperatur die einzelnen Einschlüsse praktisch entstanden sind.

Um einen Anhaltspunkt dafür zu haben, ob sich die Einschlüsse bei langzeitigen Glühungen der festen Stähle noch weiter verändern, wurden Proben bei 800, 1000 und 1200°C 200 h lang geglüht. Die Glühdauer von 200 h war willkürlich

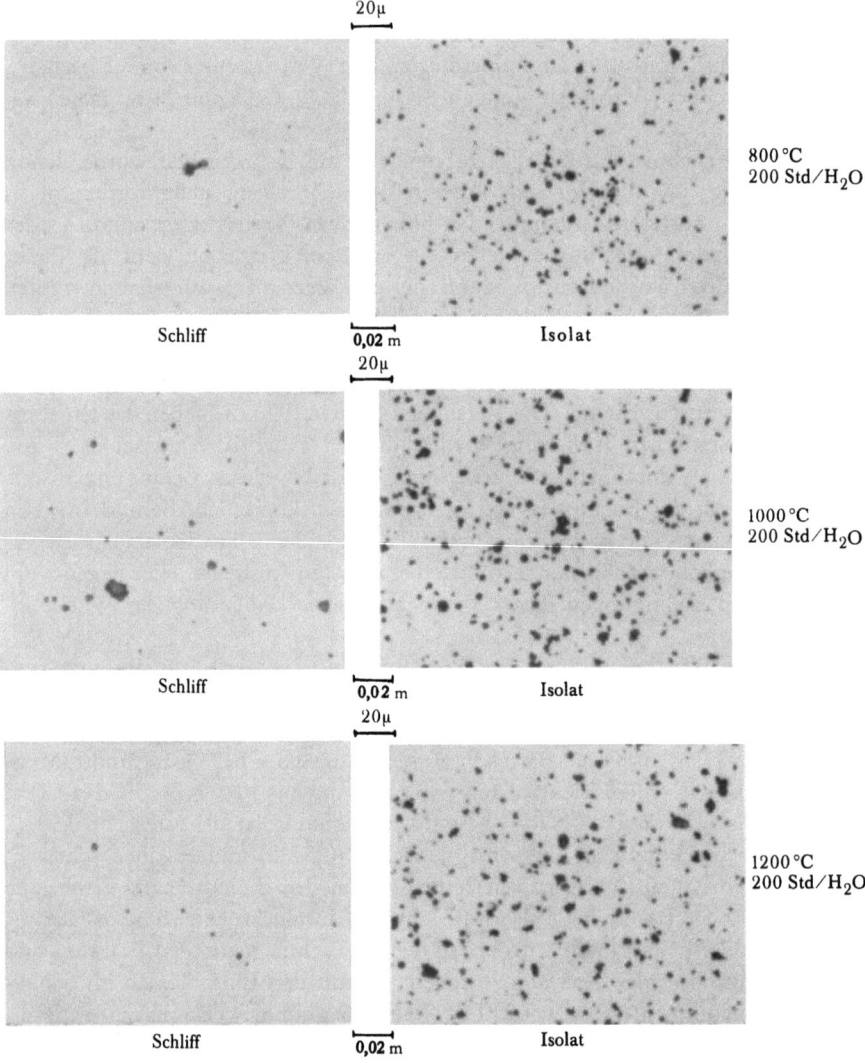

Abb. 13   Schliff- und Isolatbilder des Wüstits bei unterschiedlicher Wärmebehandlung

gewählt, entspricht jedoch den höchsten praktisch auftretenden Glühzeiten. Bei einer solchen Glühung ändert sich nicht viel. Man stellt jedoch (Abb. 13a–d) bei den größeren Einschlüssen in etwas größerem Umfang Inhomogenitäten und ein größeres Abweichen von der reinen Kugelform fest. Weiterhin treten zusätzlich feinste punktförmige Einschlüsse zahlreich auf.

Ähnlich den Proben des Ausgangszustandes wurden auch Stromdichte-Potential-Kurven an wärmebehandelten Proben vorgenommen. Aus den Abb. 14–16 ist zu ersehen, daß bei den Proben 1 und 2 eine Verschiebung zu höherem Potential als bei den geglühten Proben von 1200°C gegenüber dem Ausgangszustand eintritt. Bei Probe 2 erhält man zusätzlich einen Kurvenverlauf mit teilpassivem Buckel. Diese Verschiebung ist in noch stärkerem Maße bei Stahl 3 festzustellen, der neben einem hohen Mangangehalt einen noch hohen Sauerstoffgehalt hat. Da bei sauerstoffarmem Eisen bzw. bei Eisen-Mangan-Legierungen derartige Beobachtungen nicht gemacht werden (höhere Mn-Gehalte führen eher zu einer Aktivierung), muß dieser Einfluß wohl dem Sauerstoff zugeschrieben werden.

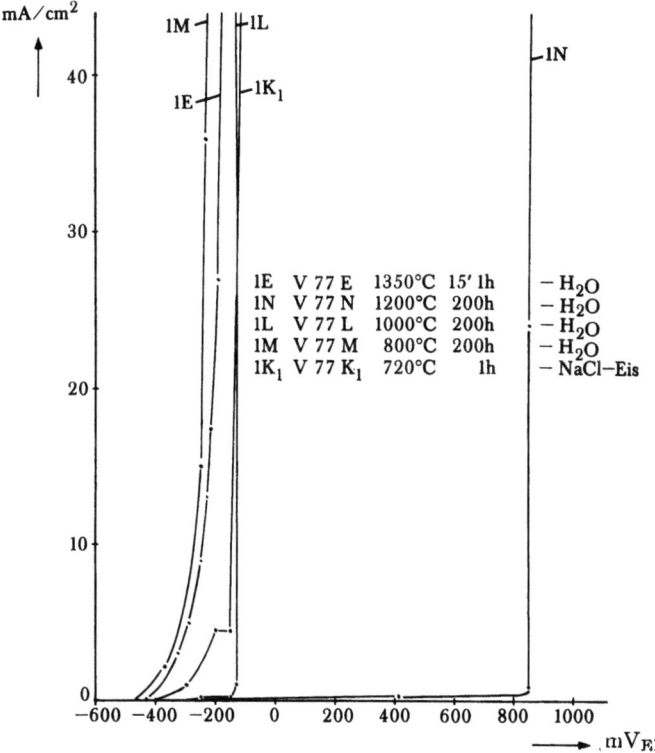

Abb. 14 Abhängigkeit der Stromdichte-Potential-Kurven der Probe 1 von der Wärmebehandlung

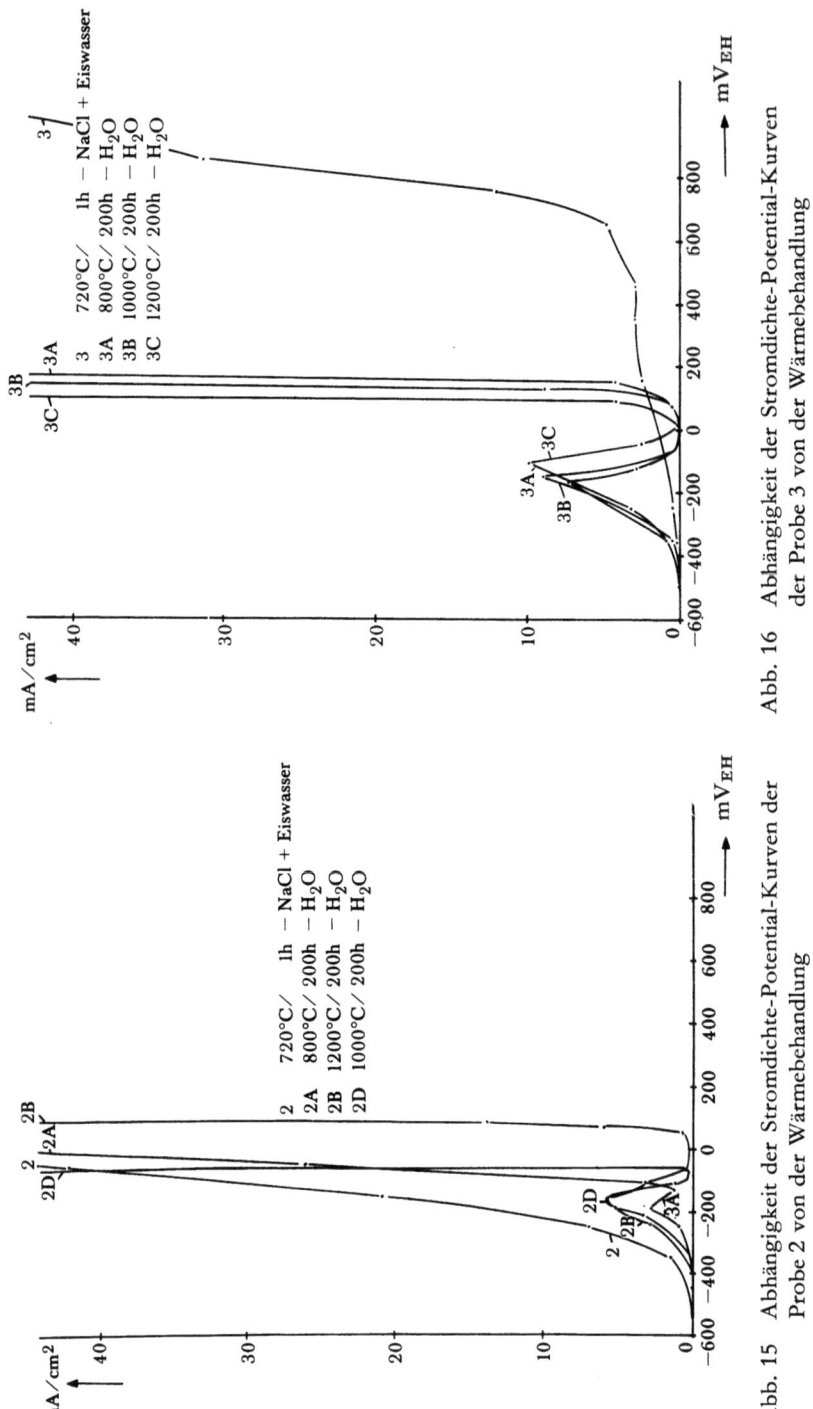

Abb. 15 Abhängigkeit der Stromdichte-Potential-Kurven der Probe 2 von der Wärmebehandlung

Abb. 16 Abhängigkeit der Stromdichte-Potential-Kurven der Probe 3 von der Wärmebehandlung

4. Sauerstoffgehalt in isolierten Oxyden

Da der Wüstit keine stöchiometrisch zusammengesetzte Phase ist (Abb. 17) [43], war es interessant, in ihm den Sauerstoffgehalt direkt zu bestimmen.

Zunächst wurden hierzu die größeren Einschlüsse nach dem von W. Koch und K. Abresch [7] beschriebenen Verfahren im Eisentiegel analysiert. Später wurden die Proben, um Verlust durch gelegentliches Spritzen völlig zu unterbinden, in besonders hierzu konstruierten Graphittiegeln von 10 mm ⌀ (Abb. 18) in einen Gewindegang von 2 mm Querschnitt eingebracht. Die Öffnungen dieses Ganges wurden durch Graphitschrauben beidseitig verschlossen. Den Oxyden (1–4 mg) wurden 1,2 g reines Kobalt zugeschlagen. Nach dem Einbringen in den Reaktionsofen schmelzen die Oxyde in der Kugel im Kobalt auf, reagieren mit Graphit zu CO, das auf die übliche Weise coulombmetrisch bestimmt wurde. Aus der verbrauchten Strommenge wurde der Sauerstoff des Wüstits errechnet. Die Um-

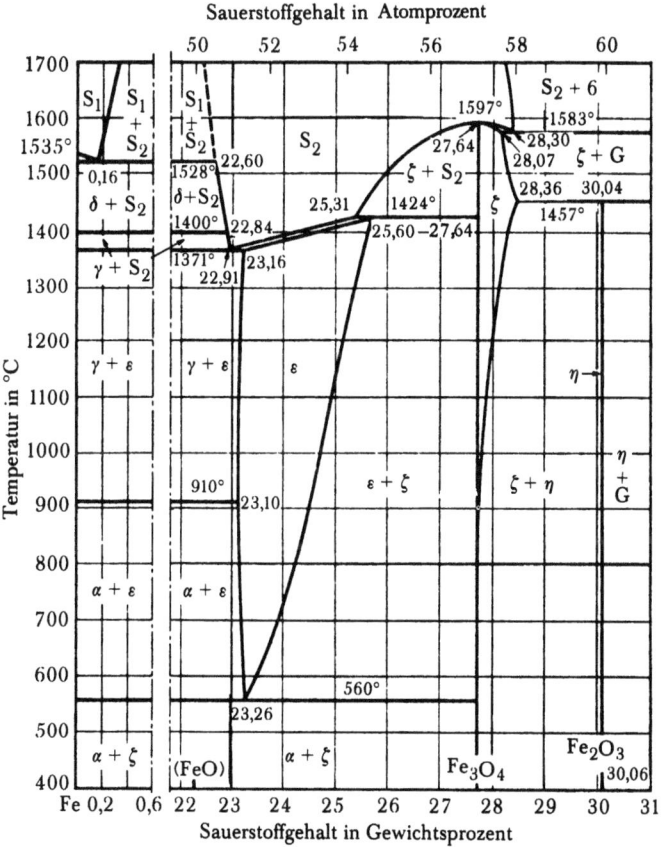

Abb. 17 Zweistoffschaubild Eisen-Sauerstoff [aus E. Houdremont, Handbuch der Sonderstahlkunde, Bd. II (1956) S. 1276]

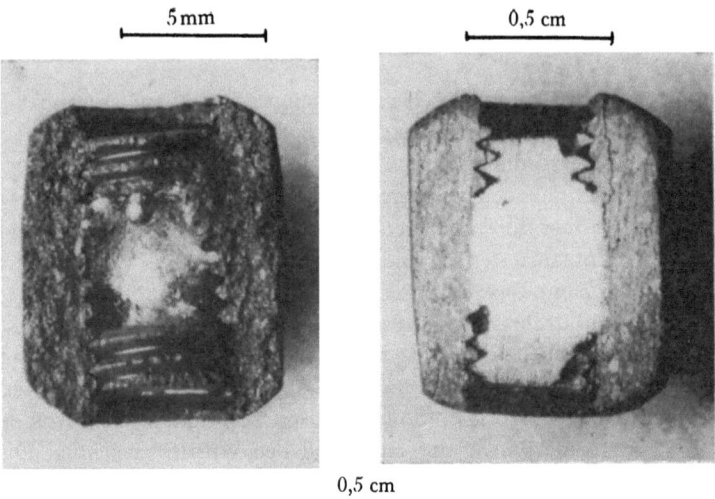

Abb. 18 Graphitbehälter

setzung war nach einer Reaktionszeit von 15 min beendet. Die Reaktionstemperatur lag zwischen 1700 und 1900°C, ohne daß ein Einfluß der Temperatur auf das Ergebnis festgestellt werden konnte.

Die Ergebnisse sind in Tab. 3 zusammengestellt. Vergleicht man nun die in den verschiedenen Isolaten ermittelten Sauerstoffgehalte mit den im Schaubild Eisen-Sauerstoff angegebenen Gleichgewichtswerten für die verschiedenen Temperaturen, so ist festzustellen, daß der Sauerstoff des isolierten Wüstits der geglühten Proben in allen Fällen gut mit den Angaben des Diagramms übereinstimmt. Die Proben, die langzeitig bei niedrigen Temperaturen geglüht wurden, weisen in Übereinstimmung mit dem Diagramm [43] einen höheren Sauerstoffgehalt auf. Bei einer längeren Wärmebehandlung der Stähle ändert sich demnach die Zusammensetzung der darin eingeschlossenen Wüstite entsprechend den Angaben des Diagramms.

Tab. 3 Sauerstoffbestimmung von isoliertem Wüstit

Versuch Nr.	Wärmebehandlung	% O
1	Ausgangszustand	22,4
2	Ausgangszustand	22,7
3	Ausgangszustand	21,3
4	Ausgangszustand	22,4
5	Ausgangszustand und 200 h Glühung bei 1200°C	23,7
6	Ausgangszustand und 200 h Glühung bei 1000°C	23,5
7	Ausgangszustand und 200 h Glühung bei 1000°C	23,1

5. Mangangehalte im isolierten Wüstit

Die Mangangehalte des beim Erstarren der Schmelze noch flüssigen Wüstits dürften im wesentlichen durch das bei dieser Temperatur herrschende Gleichgewicht zwischen Stahlbad und Schlacke bestimmt sein. Für eine Temperatur von ca. 1520°C würde man danach unter Zugrundelegung der verschiedenen K_{Mn}-Werte [39, 41] bei Stahl 1 einen MnO-Gehalt von 7,9 bis 9,5% und bei Stahl 2 einen solchen von 17,8 bis 20,7% zu erwarten haben, was mit den ermittelten Ergebnissen in Tab. 2 gut übereinstimmt. Nach F. KÖRBER und W. OELSEN [39, 40] ist zu erwarten daß sich Mn im festen Zustand bei tiefen Temperaturen nahezu vollständig in den Oxyden anreichert. Da bei den Versuchen aber stets $>$ 70% des im Stahlvorhandenen Mn in den Isolaten auftreten, ist von vornherein mit großen Verschiebungen des MnO-Gehaltes in den Einschlüssen nicht mehr zu rechnen. In der Tat wurden praktisch nur geringe Verschiebungen innerhalb der Fehlergrenze beobachtet.

6. Versuche in JCl$_3$-Lösungen in Estern

Bei den Versuchsgüssen waren die Kohlenstoffgehalte so niedrig gewählt worden, daß die Karbide durch eine kurzzeitige Wärmebehandlung bei 720°C in α-Eisen gelöst werden konnten und dementsprechend im Isolat keine Karbide auftraten. Auch der Schwefelgehalt wurde sehr niedrig gehalten, so daß er die Ergebnisse praktisch nicht beeinflußte. In technischen unberuhigten Stählen hat man aber immer mit höheren Kohlenstoff- und Schwefelgehalten zu rechnen und erhält bei der Isolierung unter den hier geschilderten Bedingungen ein Gemenge aus Oxydeinschlüssen, Karbiden und Sulfiden. Es besteht daher das Problem, diese von den Oxyden abzutrennen.
Für derartige Trennungen stehen, nachdem sich die Chlorierung mit gasförmigem Chlor als ungeeignet erwiesen hat [27], nur zwei Verfahren zur Verfügung: eine Magnettrennung [33] oder eine Abtrennung mit Brom- bzw. Jodlösungen in organischem Lösungsmittel (Alkohol oder Ester) [25, 26].
Während man bei einer Magnettrennung im günstigsten Fall aus einem solchen Gemenge die Karbide abtrennen kann und dann im unmagnetischen bzw. schwachmagnetischen Anteil die Oxyde und Sulfide angereichert erhält, hängt die Anwendbarkeit des Brom- bzw. Jodverfahrens von Form und Größe der Karbide ab. Eine vollständige Zersetzung kann unter Umständen recht lange Zeit beanspruchen. Dabei besteht auch die Gefahr, daß der Wüstit angegriffen wird.
Hier entstand nun der Gedanke, einmal zu versuchen, die Chlorierung bei milderen Bedingungen ähnlich dem Brom- bzw. Jod-Alkohol-Verfahren in einem organischen Lösungsmittel durchzuführen (Abb. 19). Zu diesem Zweck wurden zunächst isolierte Karbide, Fe$_3$C und ein (Fe, Cr)$_7$C$_3$, in verschiedenen Suspensionsmitteln wie Amylessigester, Tributylphosphorsäureester, Tetrachlorkohlen-

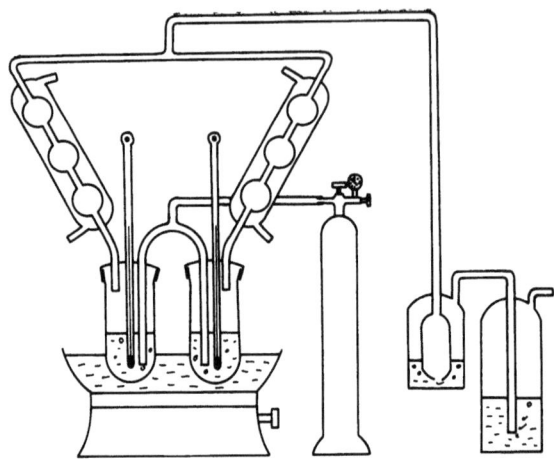

Abb. 19   Versuchsanordnung zur Chlorierung in organischen Lösungsmitteln

stoff und Tetrahydrofuran mit Chlor zur Reaktion gebracht (Abb. 20/21). Die Chlorierung verlief aber mit wenigen Ausnahmen unvollständig und war für eine Abtrennung nicht geeignet.
In Weiterverfolgung des Gedankens wurden dann Versuche mit JCl$_3$ durchgeführt, das sich in Essigsäuremethylester relativ gut lösen läßt und bei der Reaktion Chlor abspaltet. Zum Einsatz gelangte zunächst ein isolierter sehr grobkörniger Zementit mit 6,9% C und 89,4% Fe, der sich beim Erwärmen der Lösung in einer Apparatur mit Rückflußkühler praktisch quantitativ zersetzt (0,036% Fe im Rückstand). Dann wurde das Auflösungsverhalten von Wüstit mit einem Teil des Isolates von Versuchsguß 1 (8,4% MnO und 91,6% FeO) geprüft. Dabei wurde allerdings unter gleichen Bedingungen ein nicht unwesentlicher Teil (ca. 50%) des Isolates aufgelöst.
Das Verfahren erbringt somit auch keine besseren Ergebnisse als die Brom- bzw. Jodmethode; es läßt sich allerdings schneller durchführen. Man kann im übrigen ähnlich wie beim Brom-Jod-Verfahren auch unmittelbar spanförmiges Material in JCl$_3$-Lösung auflösen und erhält dann ebenfalls einen Teil der Wüstiteinschlüsse im Rückstand. Dazu werden ca. 5 g Stahlspäne in einem Schliffzylinder mit ca. 100 ml Essigsäuremethylester überschichtet und leicht erwärmt. Dann tropft man 50 ml einer Lösung aus 1 Teil JCl$_3$ und 2 Teilen Essigsäuremethylester nach und nach durch einen aufgesetzten Rückflußkühler über einen Tropftrichter zu. Die Zugabe erfolgt nach anfänglich stürmischer Reaktion innerhalb einer ½ h. Nach weiterem Kochen unter Rückfluß bringt man die Lösung und den Rückstand noch warm in ein Zentrifugenglas, das in einem Kunststoffbecher verschlossen wird. Unter mehrmaligem Waschen mit Ester und Alkohol zentrifugiert man vom Jod ab und trocknet im Vakuumtrockenschrank.
Die chemische, optische und strukturanalytische Analyse zeigte das gleiche Ergebnis wie bei elektrochemisch freigelegten Einschlüssen. Das Verfahren kann also zur schnellen Orientierung herangezogen und gegebenenfalls für kohlenstoff-

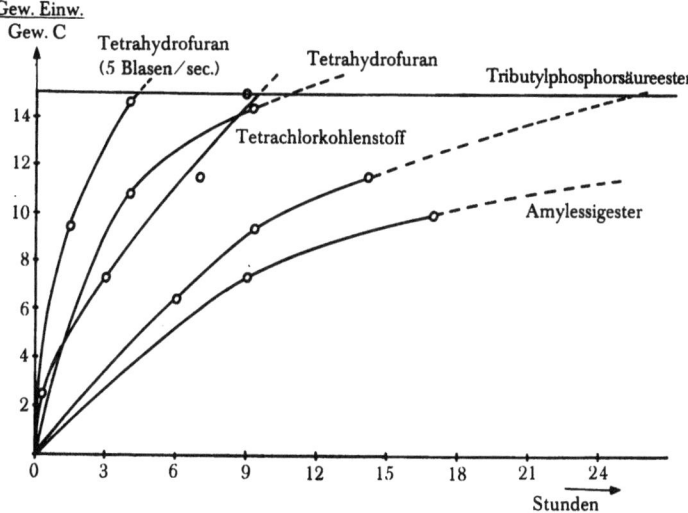

Abb. 20 Chlorierung von Fe₃C in organischen Lösungsmitteln

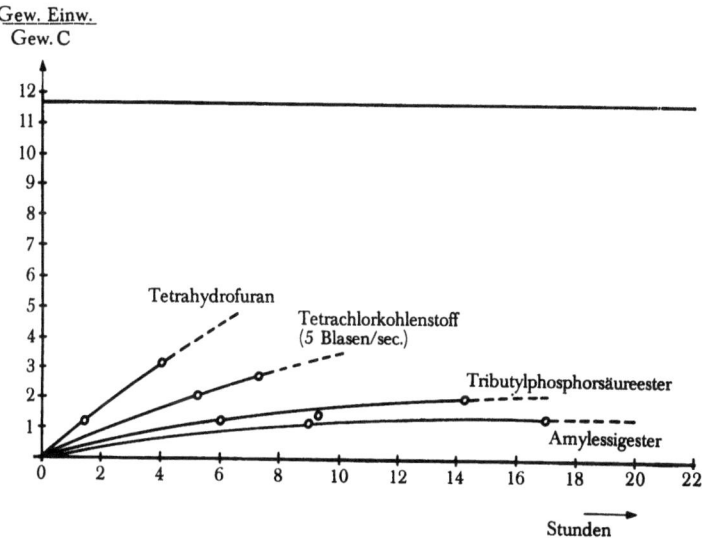

Abb. 21 Chlorierung von (Cr, Fe)₇C₃ in organischen Lösungsmitteln

haltige Stähle eingesetzt werden. Es sei allerdings nochmals darauf hingewiesen, daß die freigelegte Menge wesentlich kleiner war, und damit der gesamte Sauerstoffgehalt des Stahles nicht ermittelt werden konnte.

7. Silikate neben Wüstit in unberuhigten und unvollständig beruhigten Stählen

In technischen unberuhigten Stählen treten neben Wüstit praktisch immer silikatische Einschlüsse auf. Schon geringe Siliziumgehalte [44], wie sie durch das Ferro-Mangan oder durch Reaktionen der Schmelzen mit dem feuerfesten Material in den Stahl gelangen, bedingen das. Durch geringe Aluminiumgehalte [16, 49] wird die Zusammensetzung der Eisenmangan-Silikate noch weiter verändert, und es ist für die Beurteilung von Oxydeinschlüssen in unberuhigten und teilberuhigten Stählen wichtig festzustellen, wie sich diese Verbindungen bei einer Isolierung verhalten.

7.1 Herstellung des Probenmaterials

Zur Herstellung der Proben wurden drei unterschiedliche desoxydierte Versuchsschmelzen im basisch zugestellten Hochfrequenzofen im Magnesiumtiegel erschmolzen. Sie wurden in derselben Weise zu Stangen ausgeschmiedet, wie die Schmelzen 1 und 2. Ihre Zusammensetzung ist in Tab. 4 aufgeführt.
Da der Silizium- und Mangangehalt in allen drei Fällen hoch genug war, um den Sauerstoff abzubinden, und der Mangangehalt ebenfalls in allen Fällen mehr als das Dreifache des Silikatgehaltes betrug, war zu erwarten, daß die im Schliffbild teils kugeligen, teils gestreckten Oxydeinschlüsse in den Materialien überwiegend aus manganreichen Ortho- und Metasilikaten bestanden (vgl. Abb. 22a).

Tab. 4 Chemische Zusammensetzung der Versuchsproben

Nr.	C	Si	Mn	P	S	N	Al	Cr	O_{Vakuum}	$O_{Trägergas}$
4	$0,013^8$	0,06	0,24	0,012	$0,024^6$	0,005	0,001	0,008	$0,073\pm0,003$	$0,076\pm0,013$
5	$0,009^9$	0,04	0,24	0,014	$0,017^5$	$0,004^1$	0,001	0,006	$0,064\pm0,001$	$0,061\pm0,001^7$
6	$0,008^5$	0,08	0,37	0,006	0,006	n. b.	n. b.	n. b.	$0,045\pm0,001$	$0,035\pm0,002^5$

7.2 Isolierungsbedingungen

Die elektrolytische Isolierung erfolgte wie beim Wüstit in Zitrat-Bromid-Elektrolyten mit und ohne Veronal. Dabei wurde beobachtet, daß das Isolat, wenn die Elektrolyse im teilpassiven Bereich durchgeführt wurde, mit α-Eisen verunreinigt war, das magnetisch abgetrennt werden mußte. Außerdem enthielt es dann auch oft kleine Mengen an Eisenhydroxyden, was noch einmal mit aller Deutlichkeit auf die Bedeutung des Potentials bei Verwendung neutraler oder alkalischer Elektrolyte hinweist.

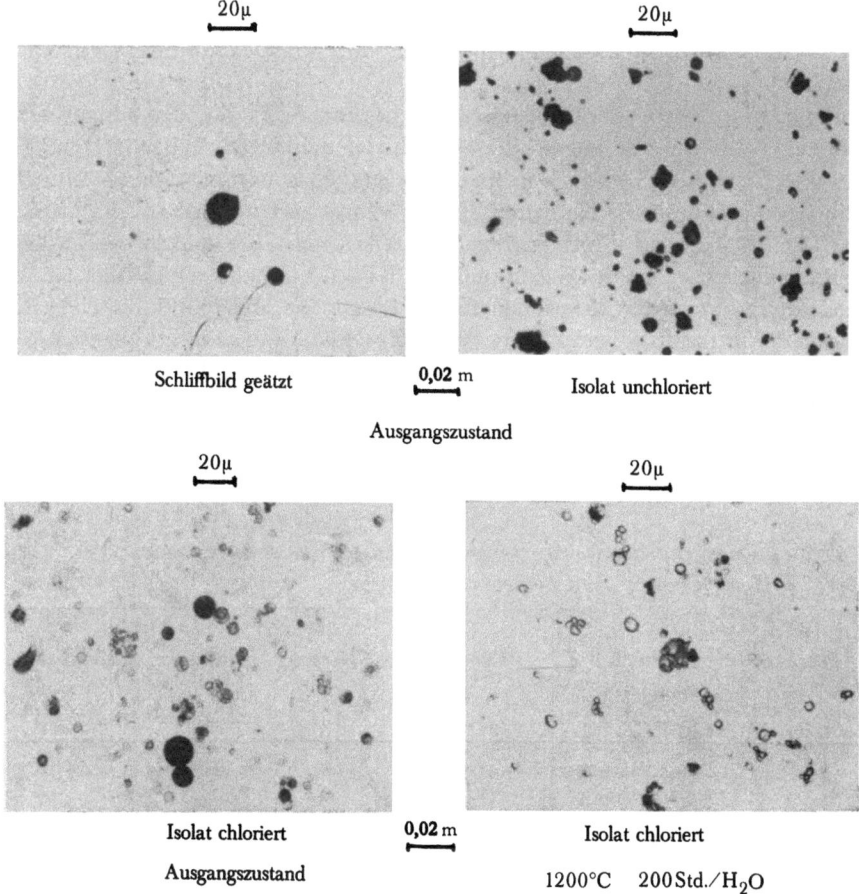

Abb. 22 Einschlüsse eines teilberuhigten Stahles

8. Änderungen der Phasen bei Wärmebehandlungen

Das nach der Elektrolyse verbleibende Isolat bestand in allen Fällen aus Gemengen von Oxyden, α-Mangan-Sulfid und etwas elementarem Kohlenstoff. Zur Feststellung der Phasen wurde mikroskopisch und röntgenstrukturanalytisch untersucht. Dabei stellte sich heraus, daß die Isolate der Proben 4 und 5 neben glasigen und zwei verschiedenen – wahrscheinlich Ortho- – Silikaten, die wir hier einmal a und b nennen wollen, auch etwas Metasilikat und Wüstit enthielten, während Probe 6 keinen Wüstit sondern vorwiegend das Metasilikat Rhodonit $(Fe, Mn)O SiO_2$ neben einigen Kristallen der oben mit a bezeichneten Silikate enthielt. Tab. 5 gibt einen Überblick über die verschiedenen ermittelten Phasen. Um festzustellen, ob die Einschlüsse sich bei längeren Wärmebehandlungen im Stahl verändern können, wurden Glühungen bei 800°C (200 und 2000 h), bei

1000°C (200 h) und bei 1200°C (200 h) durchgeführt. Um äußere Oxydationen zu verhindern, wurden die Stahlproben zum Glühen in Quarzrohre eingeschmolzen.

Auf die äußere Gestalt der Oxydeinschlüsse hatten diese Glühungen nur geringen Einfluß. Nach wie vor zeigten die Schliffbilder dunkelgraue kugelige und gestreckte Einschlüsse, wobei allerdings gelegentlich auftretende glasige Kugeln nun ein kristallines Aussehen hatten. In der Röntgenstrukturanalyse ergaben sich nach den Glühungen jedoch markante Unterschiede. So waren in den Proben 4 und 5 in allen Fällen der Wüstit und die glasigen Einschlüsse nicht mehr nachweisbar. Dafür trat das Metasilikat stärker hervor. Es war zum Teil recht grob kristallin, wie man aus den zunehmend »gekörnten« Röntgenstrukturdiagrammen entnehmen kann. Bei hohen Glühtemperaturen traten auch die Phasen b und a immer stärker zurück.

In der Probe 6, die von vornherein überwiegend Rhodonit enthielt, waren die Veränderungen wesentlich geringer, lediglich nach einer Glühung von über 2000 h bei 800°C war die Phase a nicht mehr nachweisbar.

Tab. 5 Röntgenfeinstrukturanalytische und kristalloptische Auswertung von Einschlüssen vor der Chlorierung

Probe	Wärme-behandlung	Wüstit	Gläser	O-Silikate a	O-Silikate b	M-Silikate (Rhodonit)
4	Schmiedezustand	+	+	+ +	+ +	(+)
	200 h 800°C	—	—	+	+	+ +
	200 h 1000°C	—	n. b.	—	—	+ +
	200 h 1200°C	—	n. b.	—	—	+ +
5	Schmiedezustand	+	+	+ +	+ +	(+)
	200 h 800°C	—	—	+ +	+ +	(+)
	200 h 1000°C	—	n. b.	—	—	+ + +
	200 h 1200°C	—	n. b.	—	—	+ + +
6	Schmiedezustand	—	—	+	—	+ + +
	200 h 800°C	—	—	+	—	+ + +
	2000 h 800°C	—	—	—	—	+ + +
	160 h 1000°C	—	—	+	—	+ + +
	100 h 1200°C	—	—	+	—	+ + +

9. Änderungen der Phasen bei der Chlorierung

Um Oxyde von Karbiden und Sulfiden abzutrennen, verwendet man zumeist die Chlor-Vakuum-Trennung, die auf zwei Arten vorgenommen werden kann. Zur Halogenierung kleiner Isolatmengen kann man die Apparatur von W. KOCH und O. GAUTSCH [27] mit Vorteil einsetzen, bei größeren Mengen verwendet man die Apparatur von P. KLINGER und W. KOCH [29].

Beim ersten Verfahren wurde das Rohisolat in das in Abb. 23 dargestellte Halogenierungsrohr aus Glas oder Quarz eingeschmolzen. Da das Einschmelzen der Kapillare noch häufig Schwierigkeiten bereitete, wurde der Vorgang automatisiert. Dazu diente ein rotierender Gasbrenner (Abb. 23), der in gleichmäßigen Umdrehungen das Verschmelzen auf einer Breite von ungefähr 2 mm vornimmt, während das mit der Probe und mit flüssigem Chlor beschickte Rohr feststeht. Quarzrohre konnten wegen der hohen Schmelztemperaturen bisher noch nicht automatisch zugeschmolzen werden.

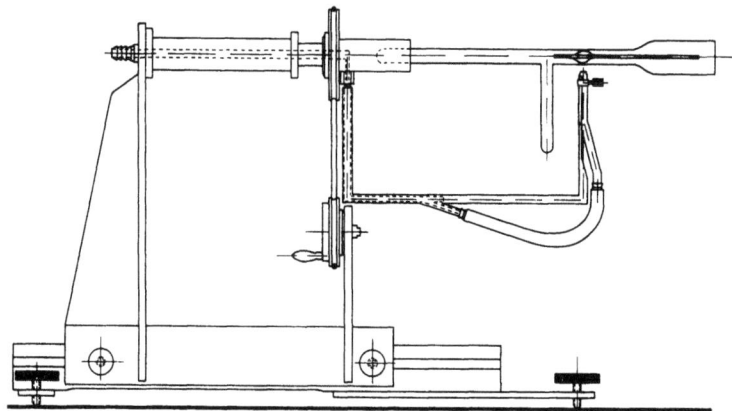

Abb. 23   Rotationsbrenner zur Apparatur nach W. Koch und O. Gautsch

In beiden Apparaturen wurden die pulverförmigen Gemische bei 250–300°C 2 h lang chloriert. Anschließend wurden die entstandenen Chloride bei 800–900°C 1–3 h lang sublimiert. Durch anschließendes Glühen bei 400–500°C wurden die verbleibenden Oxydeinschlüsse vom Graphit befreit. Isolatmenge und analytische Zusammensetzung sind in Tab. 6 angegeben.
Die Isolate wurden anschließend mehrfach auf ihre Hauptbestandteile mikrochemisch, auf die Nebenbestandteile CaO und MgO spektrochemisch untersucht. In Tab. 6 sind die Mittelwerte aufgeführt. Auch hier wurden wiederum Bestimmungen des Sauerstoffs in den Isolaten mit Hilfe der Graphitkugel durchgeführt. Aus der Tab. 6 geht hervor, daß die mittlere chemische Zusammensetzung der isolierten Einschlüsse durch die vorhergegangenen Wärmebehandlungen trotz der beträchtlichen Strukturveränderungen nicht wesentlich verändert worden ist. Alle Isolate erbringen bei der Strukturanalyse weit überwiegend das Diagramm des Rhodonit. Durch die Chlorbehandlung und die daraufhin folgende Glühung im Vakuum werden offenbar alle anderen Phasen mehr oder weniger in das Metasilikat umgewandelt. Lediglich bei der Probe 4 (1200°C) trat neben dem Rhodonit etwas α-Fe_2O_3 und bei Probe 5 (800°C) etwas Spinell auf. Abb. 22b–d zeigt die Veränderungen, die die äußere Form der freigelegten Oxyde (b) bei der Chlorierung (c) und bei Wärmebehandlungen (d) erfährt.
Mit der Chlorierung bzw. Wärmebehandlung nimmt die Zahl der dunklen Phasen (Wüstit und Orthosilikate) deutlich ab, was mit der Strukturanalyse überein-

Tab. 6 *Ausbeute und Zusammensetzung verschieden warmbehandelter Einschlüsse der Probegüsse 4, 5 und 6*

Probe Nr.	Wärme-behandlung	Ausbeute in % Veronal Elektrolyten	Ausbeute nach der Chlorierung	% MnO	% FeO	% SiO_2	% Al_2O_3	% CaO	% MgO
4	Ausgangszustand	0,437	0,110	43,1	6,3	50	0,6	1	–
4 A	800° C	0,443	0,116	46,3	6,3	46,8	0,6	1	–
4 B	1000° C	0,412	0,101	46,7	4,8	47,9	0,6	1	–
4 C	1200° C	0,367	0,111	38,3	17,8	43,8	0,3	1	–
5	Ausgangszustand	0,286	0,078	41,7	10	46,9	1,4		
5 A	800° C	0,341	0,079	44,3	7,4	47,0	1,3		
5 B	1000° C	0,331	0,096	46,2	7,8	43,2	2,8		
5 C	1200° C	0,290	0,097	47,6	4,1	46,9	1,4	1	
6	Ausgangszustand	0,238	0,088	42,2*	6,7*	43,5*	5,4*	–	2,2
6 A	800° C 200 h	0,357	0,065	47,2*	3,5	48,7	1,0	–	–
6 B	800° C 2000 h	0,664	0,065	48*	5,2*	45,8*	1,0*	–	–
6 C	1000° C 160 h	0,322	0,067	47,3	4,4	47,9	0,5	–	–
6 D	1200° C 100 h	0,262	0,053	47,5*	5,2*	45,3*	1*	–	–

* spektralanalytisch

stimmt. Um den Einfluß des Chlors auf die Silikate näher zu untersuchen, wurden elektrolytisch isolierte Einschlüsse der Probe 6 bei 250°C unterschiedlich lang chloriert (Abb. 24). Dabei konnte eine Änderung der chemischen Zusammensetzung nicht nachgewiesen werden. Alle Isolate erbrachten wieder das Diagramm des Rhodonits, ein Befund, der auch durch mikroskopische Beobachtung bestätigt werden konnte. Die Isolatmengen nahmen jedoch mit der Chlorierungsdauer ein wenig ab.

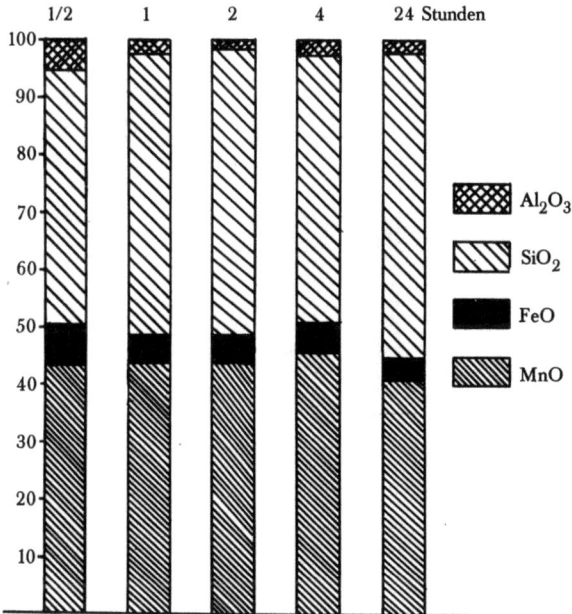

Abb. 24 Abhängigkeit der Isolatzusammensetzung von der Chlorierungszeit

10. Sauerstoffbestimmung und Isolierungsergebnis

Die in den Proben 4 und 5 nach dem Trägergasverfahren ermittelten Sauerstoffgehalte liegen erwartungsgemäß höher als die in den chlorierten Oxyden bestimmten Sauerstoffmengen. Bei der Probe 5, die von vornherein keinen Wüstit enthielt, stimmen beide Werte jedoch befriedigend überein (Abb. 25).

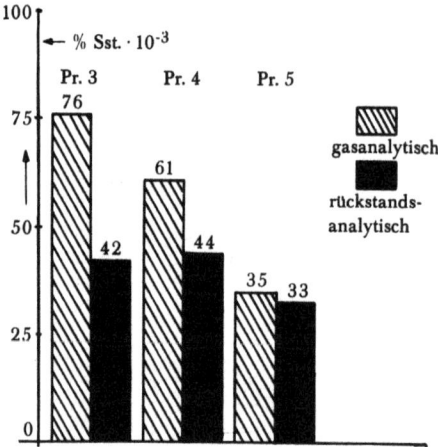

Abb. 25 Vergleichende Sauerstoffbestimmung in Abhängigkeit vom Desoxydationszustand

C) Zusammenfassung

Der Wüstit, der als wichtigste Oxydphase in unberuhigten und unvollständig beruhigten Stählen auftritt, ist im allgemeinen chemisch leicht angreifbar. Bei anodischer Auflösung wird er passiviert. Er kann in neutralen und schwachalkalischen Elektrolyten praktisch vollständig aus Stählen freigelegt werden. Um Nebenreaktionen zu vermeiden, ist es zweckmäßig, die Elektrolysen unter potentiostatischen Bedingungen durchzuführen.

Die Abtrennung des freigelegten Wüstits von Karbiden und Sulfiden ist schwierig. Bei üblicher Chlorierung wird die Struktur des Wüstits unter dem Einfluß des Chlors verändert. Er wird stark angegriffen und unter Umständen vollständig chloriert. Versuche, ihn durch eine Chlorierung unter milden Bedingungen zu erhalten, führten zu einem Verfahren mit einer Lösung von Jodtrichlorid in Essigester. Man erreicht dadurch zwar eine relativ schnelle Auflösung selbst grob ausgeschiedenen Zementits. Die Lösung greift aber auch den Wüstit merklich an, allerdings ohne seine Struktur zu verändern.

In technischen unberuhigten und teilberuhigten Stählen erfahren bei längerem Glühen zwischen 800 und 1200°C der Wüstit und die daneben auftretenden Silikate starke Veränderungen. Der Wüstit verschwindet dabei oft vollständig aus dem Einschlußbild. Er bildet durch Reaktionen, die bei den Glühungen im festen Zustand ablaufen, andere Phasen, vornehmlich wohl Ortho-Silikate. Letztere gehen wieder in Meta-Silikate über. Diese Vorgänge lassen sich nur an unchlorierten Isolaten studieren, da beim Chlorieren und Sublimationsglühen Strukturveränderungen stattfinden. meta-Silikate erweisen sich jedoch sowohl bei Wärmebehandlungen im festen Stahl als auch bei Reaktionen mit Chlor als recht beständig.

D) Literaturverzeichnis

[1] HESSENBRUCH, W., und P. OBERHOFFER, Arch. Eisenhüttenwes. **1** (1927/28), S. 583–603.
[2] THANHEISER, G., und E. BRAUNS, Arch. Eisenhüttenwes. **9** (1935/36), S. 345–439.
[3] LANGE VON STOCMEIER, H. G., Arch. Eisenhüttenwes. **29** (1928), S. 95–100.
[4] FEICHTINGER, H., Berg- u. hüttenm. Mh. **100** (1955), S. 230–238.
[5] THANHEISER, G., und H. PLOUM, Arch. Eisenhüttenwes. **11** (1937/38), S. 81–88.
[6] ABRESCH, K., und H. LEMM, Arch. Eisenhüttenwes. **30** (1959), S. 1–6.
[7] KOCH, W., und K. ABRESCH, Stahl u. Eisen **81** (1961), H. 12, S. 795–800.
[8] SCHENCK, H., und K. D. UNGER, Forschungsbericht des Kultusministeriums NRW, Verlag Opladen, Nr. 1067.
[9] SCHENCK, H., M. G. FROHBERG und K. G. SCHMITZ, Stahl u. Eisen **83** (1963), S. 162–166.
[10] KOCH, W., und S. ECKHARD, Arch. Eisenhüttenwes. **30** (1959), S. 137–144.
[11] COLEMAN, R. F., Analyst. **87** (1962), S. 590.
[12] OWENS, E. B., und N. A. GIORDINO, Analytical Chemistry **35** (1963), Heft 5, S. 1172–1179.
[13] KLINGER, P., und W. KOCH, Beiträge zur metallkundlichen Analyse, Verlag Stahleisen m.b.H., Düsseldorf 1949.
[14] KOCH, W., Metallkundliche Analyse, Verlag Stahleisen m.b.H., Düsseldorf, und Verlag Chemie, Weinheim (1965).
[15] KLINGER, P., Arch. Eisenhüttenwes. **20** (1949), S. 151.
[16] KOCH, W., H. WENTRUP und O. REIF, Arch. Eisenhüttenwes. **22** (1951), S. 15–30.
[17] PIPER, E., und H. KERN, Radex Rundschau (1957), H. 5/6, S. 840–842.
[18] PIPER, E., H. HAGEDORN, H. KERN und I. INGELN, Radex Rundschau (1957), H. 5/6, S. 727–737.
[19] PIPER, E., H. HAGEDORN und M. FRÖHLICH, Arch. Eisenhüttenwes. **31** (1960), S. 577–585.
[20] SCHMOLKE, G., Erörterungsbeitrag Arch. Eisenhüttenwes. **31** (1960), S. 582–583.
[21] KLÖCKER, O., Dissertation, Techn. Hochschule Aachen (1958). Beitrag zur Bestimmung der Oxyde in Stahl.
[22] LUKASCHEWITSCH-DUWANOWA, Iu. T., Schlackeneinschlüsse in Eisen und Stahl. VEB Verlag Technik, Berlin 1955.
[23] KOCH, W., und H. SUNDERMANN, Arch. Eisenhüttenwes. **28** (1957), H. 9, S. 557–566.
[24] KOCH, W., und H. SUNDERMANN, Radex Rundschau (1957), H. 5/6, S. 679–692.
[25] WILLEMS, F., Arch. Eisenhüttenwes. **1** (1927/28), S. 655–658.
[26] BEEGHLY, H. F., Analytic. Chem. **21** (1949), S. 1513–1519.
[27] KOCH, W., und O. GAUTSCH, Arch. Eisenhüttenwes. **30** (1959), S. 723–730. Und Dissertation (1959), Köln.
[28] KOCH, W., und H. SUNDERMANN, Forschungsberichte des Landes NRW, Verlag Opladen, Nr. 703.
[29] KLINGER, P., und W. KOCH, Stahl u. Eisen **68** (1948), S. 321–333.

[30] Koch, W., J. Bruch und H. Rohde, Arch. Eisenhüttenwes. **31** (1960), S. 279–286.
[31] Koch, W., Zeitschr. f. analyt. Chem., 192 H. 1 (1963), S. 202–219.
[32] Koch, W., Angew. Chemie **75** (1963), Nr. 3, S. 241–246.
[33] Koch, W., und H. Sundermann, Arch. Eisenhüttenwes. **29** (1958), H. 4, S. 219–224.
[34] Koch, W., und S. Eckhard, Forschungsbericht des Wirtschafts- und Verkehrsministeriums NRW, Nr. 48 (1953).
[35] Koch, W., und S. Eckhard, Forschungsbericht des Wirtschafts- und Verkehrsministeriums NRW, Nr. 244 (1956).
[36] Koch, W., und H. Keller, Arch. Eisenhüttenwes. **34** (1963), S. 435–440.
[37] Koch, W., K. H. Sauer und H. Keller, Arch. Eisenhüttenwes. **35** (1964), S. 407–414.
[38] Wever, F., und H. J. Engell, Arch. Eisenhüttenwes. **27** (1956), S. 475–486.
[39] Körber, F., und W. Oelsen, Mitt. KWI Eisenforschung, Bd. XIV, 13 (1932), S. 181–204.
[40] Körber, F., und W. Oelsen, Zeitschr. Elektrochemie, Bd. **46** (1940), S. 188–194.
[41] Fischer, W. A., und H. J. Fleischer, Arch. Eisenhüttenwes. **32** (1961), S. 1–10.
[42] Wentrup, H., Techn. Mitt. Krupp **4** (1936), S. 38–58.
[43] Houdremont, E., Handbuch der Sonderstahlkunde, Bd. II, 1956.
[44] Körber, F., und W. Oelsen, Mitt. KWI Eisenforschung, Bd. XV (1933), S. 271–309
[45] Oelsen, W., und G. Heynert, Arch. Eisenhüttenwes. **26** (1955), H. 10, S. 567–575.

FORSCHUNGSBERICHTE
DES LANDES NORDRHEIN-WESTFALEN

Herausgegeben im Auftrage des Ministerpräsidenten Heinz Kühn
von Staatssekretär Professor Dr. h. c. Dr. E. h. Leo Brandt

HÜTTENWESEN · WERKSTOFFKUNDE

HEFT 4
*Prof. Dr. med. Erich A. Müller und
Dipl.-Ing. H. Spitzer, Max-Planck-Institut für
Arbeitsphysiologie, Dortmund*
Untersuchungen über die Hitzebelastung in Hüttenbetrieben
1952. 20 Seiten, 5 Abb., 1 Tabelle. DM 9,—

HEFT 48
Max-Planck-Institut für Eisenforschung, Düsseldorf
Spektrochemische Analyse der Gefügebestandteile in Stählen nach ihrer Isolierung
1953. 31 Seiten, 12 Abb., 5 Tabellen. DM 7,80

HEFT 49
Max-Planck-Institut für Eisenforschung, Düsseldorf
Untersuchungen über Ablauf der Desoxydation und die Bildung von Einschlüssen in Stählen
1953. 45 Seiten, 19 Abb., 3 Tabellen. Vergriffen

HEFT 50
Max-Planck-Institut für Eisenforschung, Düsseldorf
Flammenspektralanalytische Untersuchung der Ferritzusammensetzung in Stählen
1953. 34 Seiten, 15 Abb., 4 Tabellen. Vergriffen

HEFT 74
Max-Planck-Institut für Eisenforschung, Düsseldorf
Versuche zur Klärung des Umwandlungsverhaltens eines sonderkarbidbildenden Chromstahls
1954. 48 Seiten, 10 Abb. DM 14,—

HEFT 75
Max-Planck-Institut für Eisenforschung, Düsseldorf
Zeit-Temperatur-Umwandlungs-Schaubilder als Grundlage der Wärmebehandlung der Stähle
1954. 34 Seiten, 13 Abb. DM 8,70

HEFT 89
Verein Deutscher Ingenieure, Gleitlagerforschung, Düsseldorf, und Prof. Dr.-Ing. G. Vogelpohl, Göttingen
Versuche mit Preßstoff-Lagern für Walzwerke
1954. 57 Seiten, 34 Abb. Vergriffen

HEFT 96
Dr.-Ing. Paul Koch, Dortmund
Austritt von Exoelektronen aus Metalloberflächen unter Berücksichtigung der Verwendung des Effektes für die Materialprüfung
1954. 21 Seiten, 13 Abb. DM 7,—

HEFT 105
Dr.-Ing. Robert Meldau, Harsewinkel/Westf.
Auswertung von Gekörn – Analysen des Musterstaubes »Flugasche Fortuna I«
1955. 28 Seiten, 14 Abb. DM 8,50

HEFT 132
Prof. Dr. phil. nat. W. Seith, Münster
Über Diffusionserscheinungen in festen Metallen
1955. 27 Seiten, 19 Abb., 4 Tabellen. Vergriffen

HEFT 143
*Prof. Dr. phil. Franz Wever, Dr. phil. Adolf Rose und
Dipl.-Ing. W. Straßburg, Max-Planck-Institut für
Eisenforschung, Düsseldorf*
Härtbarkeit und Umwandlungsverhalten der Stähle
1955. 33 Seiten, 12 Abb., 3 Tabellen. Vergriffen

HEFT 153
*Prof. Dr. phil. Franz Wever,
Dr.-Ing. Wilhelm Anton Fischer und
Dipl.-Ing. J. Engelbrecht, Düsseldorf*
I. Die Reduktion sauerstoffhaltiger Eisenschmelzen im Hochvakuum mit Wasserstoff und Kohlenstoff
II. Einfluß geringer Sauerstoffgehalte auf das Gefüge und Alterungsverhalten von Reineisen
1955. 42 Seiten, 15 Abb., 2 Tabellen. DM 12 40

HEFT 154
*Prof. Dr.-Ing. P. Bardenheuer und
Dr.-Ing. Wilhelm Anton Fischer, Düsseldorf*
Die Verschlackung von Titan aus Stahlschmelzen im sauren und basischen Hochfrequenzofen unter verschiedenen Schlacken
1955. 23 Seiten, 10 Abb., 1 Tabelle. DM 7,95

HEFT 162
Prof. Dr. phil. Franz Wever,
Prof. Dr. rer. techn. Albert Kochendörfer und
Dr.-Ing. Chr. Rohrbach, Max-Planck-Institut für
Eisenforschung, Düsseldorf
Kennzeichnung der Sprödbruchneigung von Stählen durch Messung der Fließspannung, Reißspannung und Brucheinschnürung an dreiachsig beanspruchten Proben
1955. 46 Seiten, 26 Abb. DM 13,—

HEFT 170
Prof. Dr. phil. Franz Wever, Dr. phil. Adolf Rose und
Dipl.-Ing. L. Rademacher, Max-Planck-Institut für
Eisenforschung, Düsseldorf
Anwendung der Umwandlungsschaubilder auf Fragen der Werkstoffauswahl beim Schweißen und Flammhärten
1955. 51 Seiten, 25 Abb. DM 13,70

HEFT 205
Dr. Carl Schaarwächter, Laboratorium für Rostschutz und Oberflächentechnik, Düsseldorf
Über plastische Kupfer-Eisen-Phosphor-Legierungen
1956. 25 Seiten, 10 Abb., 10 Tabellen. DM 8,30

HEFT 227
Prof. Dr. phil. Franz Wever und Dr. Wolfgang Wepner,
Max-Planck-Institut für Eisenforschung, Düsseldorf
Untersuchung der Alterungsneigung von weichen unlegierten Stählen durch Härteprüfung bei Temperaturen bis 300° C
1956. 24 Seiten, 20 Abb., 3 Tabellen. DM 7,95

HEFT 228
Prof. Dr. phil Franz Wever, Dr. phil. Walter Koch und Dr. rer. nat. Bernd Alexander Steinkopf, Max-Planck-Institut für Eisenforschung, Düsseldorf
Spektrochemische Grundlagen der Analyse von Gemischen aus Kohlenmonoxyd, Wasserstoff und Stickstoff
1956. 31 Seiten, 18 Abb., 1 Tabelle. DM 9,90

HEFT 229
Prof. Dr. phil. Franz Wever, Dr. phil Walter Koch und Dr.-Ing. Hanns Malissa, Max-Planck-Institut für Eisenforschung, Düsseldorf
Über die Anwendung disubstituierter Dithiocarbamate der analytischen Chemie
1955. 30 Seiten, 30 Abb., 5 Tabellen. DM 10,50

HEFT 230
Prof. Dr. phil. Franz Wever und
Dr. phil. Wolfgang Wepner, Max-Planck-Institut für Eisenforschung, Düsseldorf
Bestimmung kleiner Kohlenstoffgehalte im α-Eisen durch Dämpfungsmessung
1955. 19 Seiten, 5 Abb., 2 Tabellen. DM 7,70

HEFT 234
Dr.-Ing. K. G. Speith und Dr.-Ing A. Bungeroth
Duisburg
Versuche zur Steigerung des Kokillen-Schluckvermögens beim Stranggießen von Stahl
1956. 15 Seiten, 5 Abb. DM 6,15

HEFT 244
Prof. Dr. phil. Franz Wever, Dr. phil. Walter Koch und Dr. Siegfried Eckhard, Max-Planck-Institut für Eisenforschung, Düsseldorf
Erfahrungen mit der spektrochemischen Analyse von Gefügebestandteilen des Stahles
1956. 22 Seiten, 8 Abb., 2 Tabellen. DM 7,80

HEFT 263
Prof. Dr. phil. Heinrich Lange und
Dipl.-Phys. Rudolf Kohlhaas, Institut für theoretische Physik der Universität Köln
Über die Wärmeleitfähigkeit von Stählen bei hohen Temperaturen: Teil I: Literaturbericht
1956. 37 Seiten, 26 Abb., 8 Tabellen. DM 10,70

HEFT 268
Prof. Dr.-Ing. G. Vogelpohl, VDI, Max-Planck-Institut für Strömungsforschung, Göttingen
Über die Tragfähigkeit von Gleitlagern und ihre Berechnung
1956. 66 Seiten, 24 Abb., 7 Tabellen. Vergriffen

HEFT 283
Prof. Dr.-phil Franz Wever und
Dr.-Ing. Werner Lueg, Max-Planck-Institut für Eisenforschung, Düsseldorf
Warmstauchversuche zur Ermittlung der Formänderungsfestigkeit von Gesenkschmiede-Stählen
1956. 31 Seiten, 19 Abb. DM 9,90

HEFT 288
Dr. phil Kurt Brücker-Steinkuhl, Düsseldorf
Anwendung mathematisch-statischer Verfahren in der Industrie
1956. 103 Seiten, 28 Abb., 14 Tabellen. Vergriffen

HEFT 290
Dr. rer. nat. Dietrich Horstmann, Max-Planck-Institut für Eisenforschung, Düsseldorf
I. Der verstärkte Angriff des Zinks auf Eisen im Temperaturgebiet um 500° C
II. Einfluß eines Antimongehaltes auf den Angriff von Zinkschmelzen auf Eisen
1956. 36 Seiten, 33 Abb., 3 Tabellen. DM 11,90

HEFT 291
Dr.-Ing. Hans-Joachim Wiester und
Dr. rer. nat. Dietrich Horstmann, Max-Planck-Institut für Eisenforschung, Düsseldorf
Der Angriff eisengesättigter Zinkschmelzen auf silizium- und manganhaltiges Eisen
1956. 40 Seiten, 45 Abb., 8 Tabellen. DM 12,60

HEFT 311
Prof. Dr. phil. Franz Wever und
Dr. phil. nat. Max Hempel, Düsseldorf
Dauerschwingfestigkeit von Stählen bei erhöhten Temperaturen
Teil I: Erkenntnisse aus bisherigen Dauerschwingversuchen in der Wärme
1956. 36 Seiten, 19 Abb., 2 Tabellen. DM 10,90

HEFT 312
Prof. Dr. phil. Franz Wever und
Dr. phil. nat. Max Hempel, Max-Planck-Institut für Eisenforschung, Düsseldorf
Dauerschwingfestigkeit von Stählen bei erhöhten Temperaturen
Teil II: Zug-Druck-Dauerschwingversuche an zwei warmfesten Stählen bei Temperaturen von 500 bis 650°C
1956. 36 Seiten, 20 Abb., 3 Tabellen. DM 13,—

HEFT 313
Prof. Dr. phil. Franz Wever, Dr. phil. Walter Koch und Dipl.-Phys. Helga Rohde, Max-Planck-Institut für Eisenforschung, Düsseldorf
Änderungen des Habitus und der Gitterkonstanten des Zementits in Chromstählen bei verschiedenen Wärmebehandlungen
1956. 76 Seiten, 20 Abb., 8 Tabellen. DM 20,90

HEFT 314
Prof. Dr. phil. Franz Wever,
Dr.-Ing. habil. Alfred Krisch und
Dr.-Ing. Hans-Joachim Wiester, Max-Planck-Institut für Eisenforschung, Düsseldorf
Veränderungen im Gefügeaufbau von Chrom-Nickel-Molybdän-Stählen bei langzeitiger Beanspruchung im Zeitstandversuch bei 500°
1956. 35 Seiten, 26 Abb., 5 Tabellen. DM 11,70

HEFT 315
Prof. Dr. phil. Franz Wever und
Dr.-Ing. habil. Alfred Krisch, Max-Planck-Institut für Eisenforschung, Düsseldorf
Metallkundliche Untersuchungen an Zeitstandproben
1956. 25 Seiten, 12 Abb. DM 9,15

HEFT 336
Dr. phil. Tung-ping Yao, Gießerei-Institut der Rhein.-Westf. Technischen Hochschule Aachen
Die Viskosität metallischer Schmelzen
1956. 53 Seiten, 28 Abb., 2 Tabellen. DM 14,40

HEFT 342
Prof. Dr.-Ing. Helmut Winterhager und
Dipl.-Ing. Wolfgang Barthel, Aachen
Die Gewinnung von Titan-Schlacken-Konzentraten aus eisenreichen Ilmeniten
1956. 47 Seiten, 30 Abb., 6 Tabellen. DM 13,30

HEFT 348
Prof. Dr.-Ing. Eugen Piwowarsky † und
Dr.-Ing. Ernst Günter Nickel, Gießerei-Institut der Rhein.-Westf. Technischen Hochschule Aachen
Metallurgie eines hochwertigen Gußeisens mit kompakter bis kegelförmiger Graphitausbildung
1956. 46 Seiten, 27 Abb., 5 Tabellen. DM 13,30

HEFT 349
Dr.-Ing. Wilhelm-Anton Fischer,
Dr.-Ing. Helmut Treppschuh und
Dr.-Ing. Karl Heinz Köthemann, Max-Planck-Institut für Eisenforschung, Düsseldorf
Tiegel aus Schmelzmagnesia für Vakuuminduktionsöfen
1957. 23 Seiten, 14 Abb. DM 8,40

HEFT 367
Dr. rer. nat. Dietrich Horstmann, Max-Planck-Institut für Eisenforschung, Düsseldorf
Der Angriff eisengesättigter Zinkschmelzen auf kohlenstoff-, schwefel- und phosphorhaltiges Eisen
1957. 42 Seiten, 22 Abb., 6 Tabellen. DM 12,85

HEFT 392
Prof. Dr. phil. Franz Wever,
Dr. phil. Walter Koch, Düsseldorf,
Dr.-Ing. Helmut Knüppel,
Dr. rer. nat. Bernd Alexander Steinkopf,
Dipl.-Ing. Karl Ernst Mayer und
Dipl.-Phys. Gert Wiethoff, Dortmund
Untersuchungen über den Konverterrauch im Hinblick auf die spektrale Überwachung des Thomasprozesses
1957. 36 Seiten, 14 Abb., 4 Tabellen. DM 12,10

HEFT 407
Prof. Dr.-Ing. Dr.-Ing. E. h. Hermann Schenk, Aachen und Dr.-Ing. Werner Wenzel, Bad Godesberg
Entwicklungsarbeiten auf dem Gebiete der Verhüttung von Erzstaub in Schmelzkammern
1957. 71 Seiten, 9 Abb., 18 Tabellen. DM 17,10

HEFT 408
Prof. Dr. phil. Franz Wever, Dr.-Ing. Werner Lueg und Dr.-Ing. Hans Günter Müller, Max-Planck-Institut für Eisenforschung, Düsseldorf
Kraft-und Arbeitsbedarf beim Warmscheren von Stahl in Abhängigkeit von Temperatur und Schnittgeschwindigkeit
1957. 33 Seiten, 15 Abb., 3 Tabellen. DM 11,35

HEFT 409
Prof. Dr. phil. Franz Wever,
Dr. phil. Walter Koch,
Dr. rer. nat. Christa Ilschner-Gensch und
Dipl.-Phys. Helga Rohde, Max-Planck-Institut für Eisenforschung, Düsseldorf
Das Auftreten eines kubischen Nitrids in aluminiumlegierten Stählen
1957. 26 Seiten, 12 Abb., 3 Tabellen. DM 10,10

HEFT 410
Prof. Dr. phil. Franz Wever,
Prof. Dr. rer. techn. Albert Kochendörfer,
Dr. phil. nat. Max Hempel und
Dipl.-Phys. Emil Hillenhagen, Max-Planck-Institut für Eisenforschung, Düsseldorf
Biegewechselversuche mit Flachproben aus Alpha-Eisen-Kristallen zur Bestimmung der Wechselfestigkeit und der Gleitspuren
1957. 100 Seiten, 58 Abb., 3 Tabellen. DM 30,—

HEFT 455
Dr.-Ing. Wilhelm Anton Fischer,
Dr.-Ing. Helmut Treppschuh und
Dipl.-Phys. Karl Heinz Köthemann, Max-Planck-Institut für Eisenforschung, Düsseldorf
Erschmelzung von Reinsteisen nach dem Kohlenstoffproduktionsverfahren und Kerbschlagzähigkeit-Temperatur-Kurven dieses Eisens
1957. 25 Seiten, 7 Abb., 6 Tabellen. DM 9,35

HEFT 456
Privatdozent Dr.-Ing. Karl Bungardt, Krefeld
Zeitstandversuche an austenitischen Stählen und Legierungen
1958. 23 Seiten und Anhang mit Abbildungen und Tafeln z. T. auf Falttafeln. DM 19,85

HEFT 457
Prof. Dr. phil. Franz Wever und
Dr. phil. Wolfgang Wepner, Max-Planck-Institut für Eisenforschung, Düsseldorf
Dämpfungsmessungen an schwach gereckten Eisen-Kohlenstoff-Legierungen
1957. 22 Seiten, 7 Abb., 3 Tabellen. DM 8,40

HEFT 458
Prof.-Ing. Dr.-Ing. E. h. Hermann Schenk und
Dr.-Ing. Eugen Schmidtmann, Aachen,
Dr.-Ing. Hans Kosmider, Dr.-Ing. Herbert Neuhaus und Dr.-Ing. Alfred Krüger, Haspe
Das Frischen von Thomas-Roheisen mit Sauerstoff-Wasserdampf-Gemischen und die Eigenschaften der damit erblasenen Stähle
1957. 50 Seiten, 56 Abb. DM 16,35

HEFT 459
Prof. Dr. phil. Franz Wever,
Dr. phil. Otto Krisement und Hanna Schädler, Max-Planck-Institut für Eisenforschung, Düsseldorf
Ein isothermes Mikrokalorimeter zur kinetischen Messung von Umwandlungs- und Ausscheidungsvorgängen in Legierungen
1957. 31 Seiten, 14 Abb. DM 10,75

HEFT 460
Prof. Dr. phil. Franz Wever und
Dr. rer. nat. Bernhard Ilschner, Max-Planck-Institut für Eisenforschung, Düsseldorf
Ein isothermes Lösungskalorimeter zur Bestimmung thermo-dynamischer Zustandsgrößen von Legierungen
1957. 31 Seiten, 7 Abb., 4 Tabellen. DM 10,40

HEFT 461
Prof. Dr.-Ing. habil. Eugen Piwowarsky †
Prof. Dr.-Ing. Wilhelm Patterson und
Dipl.-Ing. Friedrich Wilhelm Iske, Gießerei-Institut der Rhein.-Westf. Technischen Hochschule Aachen
Verbesserung der Zähigkeitseigenschaften von Bessemer-Stahlguß
1957. 41 Seiten, 15 Abb., 16 Tabellen. DM 12,75

HEFT 492
Prof. Dr. phil. Josef Meixner und
Dr. rer. nat. Bruno Manz, Institut für theoretische Physik der Rhein.-Westf. Technischen Hochschule Aachen
Zur Theorie der irreversiblen Prozesse in α-Eisen
1958. 10 Seiten, 1 Abb. DM 5,70

HEFT 519
Prof. Dr. phil. Franz Wever,
Dr. phil. Walter Koch und
Dr. phil. Siegfried Eckhard, Max-Planck-Institut für Eisenforschung, Düsseldorf
Die spektrographische Bestimmung der Spurenelemente in Stahl ohne vorherige Abbrennung
1958. 36 Seiten, 22 Abb. DM 12,60

HEFT 542
Dr. phil. nat. Gerhard Zapf, Schwelm
Entwicklung eines Verfahrens zur Herstellung von Formteilen aus Sintermessing
1958. 43 Seiten, 23 Abb., 7 Tabellen. DM 15,15

HEFT 552
Dr.-Ing. Gerhard Leiber und
Dipl.-Ing. Dieter Schauwinhold, Duisburg-Hamborn
Versuche zur Erzeugung halbberuhigten Stahles
1958. 28 Seiten, 23 Abb., 6 Tabellen. DM 11,30

HEFT 562
Prof. Dr.-Ing. Dr.-Ing. E. h. Hermann Schenck,
Prof. Dr. phil. habil. Norbert G. Schmahl und
Dr.-Ing. Götz Funke, Institut für Eisenhüttenwesen der Rhein.-Westf. Technischen Hochschule Aachen
Die Reduzierbarkeit von Eisenerzen
1958. 101 Seiten, 89 Abb., 10 Tabellen. DM 29,25

HEFT 573
Prof. Dr. phil. Franz Wever,
Dr. rer. nat. Werner Jellinghaus und
Dr.-Ing. Toshimori Shuin, Max-Planck-Institut für Eisenforschung, Düsseldorf
Gemischt-keramische Sinterwerkstoffe aus Aluminiumoxyd und Eisen oder Eisenlegierungen
1958. 76 Seiten, 39 Abb., 17 Tabellen. DM 22,65

HEFT 586
Dr.-Ing. Wilhelm Anton Fischer und
Dr. rer. nat. Alfred Hoffmann, Max-Planck-Institut für Eisenforschung, Düsseldorf
Verhalten von Eisen- und Stahlschmelzen im Hochvakuum
1958. 41 Seiten, 10 Abb., 13 Tabellen. DM 14,50

HEFT 597
Prof. Dr. phil. Franz Wever,
Dr. phil. Wilhelm Wink und
Dr. rer. nat. Werner Jellinghaus, Max-Planck-Institut für Eisenforschung, Düsseldorf
Suszeptibilitätsmessungen an hochwarmfesten Legierungen auf Nickel-Chrom- und Kobalt-Nickel-Chrom-Grundlage
1958. 34 Seiten, 10 Abb., 5 Tabellen. DM 12,—

HEFT 599
Prof. Dr. phil. Walter Koch und
Dipl.-Phys. Dr. phil. Heinz Sundermann, Max-Planck-Institut für Eisenforschung, Düsseldorf
Elektrochemische Grundlagen der Isolierung von Gefügebestandteilen in metallischen Werkstoffen
1958. 50 Seiten, 26 Abb., 2 Tabellen. DM 17,60

HEFT 600
Prof. Dr. phil. Walter Koch, Dr. phil. Siegfried Eckhard und Dr. rer. nat. Friedrich Stricker, Max-Planck-Institut für Eisenforschung, Düsseldorf
Die lichtelektrische Spektralanalyse der Gase im Stahl
1958. 53 Seiten, 27 Abb., 9 Tabellen. DM 15,10

HEFT 620
Dr. rer. nat. Dietrich Horstmann, Max-Planck-Institut für Eisenforschung und Gemeinschaftsausschuß Verzinken, Düsseldorf
Der Einfluß von Aluminium im Eisen- und im Zinkbad auf den Zinkangriff
1958. 29 Seiten, 17 Abb., 3 Tabellen. DM 9,40

HEFT 628
Dipl.-Ing. Walter Panknin und
Dipl.-Ing. Wolfgang Möhrlin, Verein Deutscher Ingenieure ADB, Düsseldorf
Die Ermittlung der Fließkurven von Schraubenwerkstoffen   *1958. 20 Seiten, 8 Abb. DM 6,40*

HEFT 630
Prof. Dr. phil. Walter Koch und
Dr. techn. Dipl.-Ing. Hanns Malissa, Max-Planck-Institut für Eisenforschung, Düsseldorf
Beiträge zur Spurenanalyse im Reinsteisen
1958. 25 Seiten, 8 Tabellen. DM 7,60

HEFT 644
Prof. Dr.-Ing. Franz Bollenrath, Institut für Werkstoffkunde an der Rhein.-Westf. Technischen Hochschule Aachen
Untersuchung einiger mechanischer Eigenschaften von Sinteraluminium S. A. P. und S. A. P.-Avional
1958. 24 Seiten, 26 Abb. DM 8,10

HEFT 697
Prof. Dr.-Ing. Theodor Gast,
Dr.-Ing. Karl-Max Frhr. v. Meysenburg und
Prof. Dr.-Ing. Otto Krischer, Technische Hochschule Darmstadt
Untersuchung über die Erwärmungsvorgänge bei der Verarbeitung härtbarer und thermoplastischer Kunststoffe
1959. 91 Seiten, 34 Abb., 4 Tabellen. DM 16,90

HEFT 706
Prof. Dr.-Ing. Dr.-Ing. E. h. Hermann Schenck und
Dr.-Ing. Hans Esch, Institut für Eisenhüttenwesen der Rhein.-Westf. Technischen Hochschule Aachen
Zur Untersuchung der Hochofenvorgänge
1959. 32 Seiten, 23 Abb. DM 9,90

HEFT 737
Prof. Dr.-Ing. habil. Karl Krekeler,
Dr.-Ing. Heinz Peukert und Dipl.-Ing. Josef Eilers, Institut für Kunststoffverarbeitung an der Rhein.-Westf. Technischen Hochschule Aachen
Festigkeitsuntersuchungen an Rohren aus Thermoplasten
1959. 66 Seiten, 84 Abb. DM 19,40

HEFT 748
Prof. Dr. phil. nat. habil. Hans-Ernst Schwiete,
Dr.-Ing. Harald Knoblauch und
Dr. rer. nat. Günther Ziegler, Institut für Gesteinshüttenkunde der Rhein.-Westf. Technischen Hochschule Aachen
Die Hydratation der Verbindungen $3\,CaO \cdot SiO_2$ und $\beta\text{-}2\,CaO \cdot SiO_2$
1959. 56 Seiten, 22 Abb., 14 Tabellen. DM 15,70

HEFT 780
Prof. Dr. phil. Franz Wever,
Dr.-Ing. Werner Lueg und Dr.-Ing. Paul Funke, Max-Planck-Institut für Eisenforschung, Düsseldorf
Untersuchung von Walzöl und Walzölemulsionen im Kaltwalzversuch
1959. 68 Seiten, 28 Abb., mehr. Tabellen. DM 18,50

HEFT 788
Prof. Dr.-Ing. Herwart Opitz, Laboratorium für Werkzeugmaschinen und Betriebslehre an der Rhein.-Westf. Technischen Hochschule Aachen
Der Einsatz radioaktiver Isotope bei Zerspanungsuntersuchungen
1959. 35 Seiten, 23 Abb. DM 11,30

HEFT 797
Prof. Dr. phil. Heinrich Lange und
Dr. rer. nat. Rudolf Kohlhaas, Institut für theoretische Physik der Universität Köln
Über die wahre spezifische Wärme von Eisen, Nickel und Chrom bei hohen Temperaturen
Neue Verfahren zur Messung der wahren spezifischen Wärme von Metallen bei hohen Temperaturen
1960. 115 Seiten, 38 Abb., 24 Tabellen. DM 31,20

HEFT 798
Dr. rer. nat. Karl Wassmann, Mönchengladbach
Einfluß der Schutzgasatmosphäre auf die Eigenschaften von Sinterstahl
1959. 94 Seiten, 65 Abb., 19 Tabellen. DM 27,—

HEFT 799
Dipl.-Ing. Helmut Weiss, Frankfurt a. M.
Aufkohlung und Härtung von Sintereisen-Werkstoffen
1960. 61 Seiten, 56 Abb., 2 Tabellen. DM 18,80

HEFT 800
Dipl.-Ing. Otto Schindler, Lehrstuhl für Stahlbau, Technische Hochschule Hannover
Untersuchungen an geschweißten Hüttenkranen
Ein Beitrag zur Berechnung dünnwandiger Hohlkästen
1959. 46 Seiten, 14 Abb., 2 Tabellen. DM 13,20

HEFT 801
Baurat Dipl.-Ing. Waldemar Gesell, Staatliche Ingenieurschule für Maschinenwesen, Duisburg
Ersatz von Quarzsand als Strahlmittel
1960. 66 Seiten, 12 Abb., 4 Tabellen. 17 Diagramme. DM 18,90

HEFT 833
Prof. Dr.-Ing. Helmut Winterhager und
Dr.-Ing. Dan Hubert Hermies, Institut für Metallhüttenwesen und Elektrometallurgie der Rhein.-Westf. Technischen Hochschule Aachen
Anodennebenreaktionen bei der Silberraffinationselektrolyse
1960. 55 Seiten, 21 Abb., 10 Tabellen. DM 15,60

HEFT 834
Prof. Dr.-Ing. Helmut Winterhager und
Dr.-Ing. Klaus Reiprich, Institut für Metallhüttenwesen und Elektrometallurgie der Rhein.-Westf. Technischen Hochschule Aachen
Studie über den Glänzabbau des Reinstaluminiums in Flußsäure enthaltenden chemischen Glänzbädern
1960. 92 Seiten, 88 Abb., 7 Tabellen. DM 27,30

HEFT 840
Prof. Dr. phil. Franz Wever,
Dr.-Ing. Hans-Günter Müller und
Dr.-Ing. Paul Funke, Max-Planck-Institut für Eisenforschung, Düsseldorf
Versuchsmäßige und rechnerische Bestimmung von Walzkraft und Drehmoment unter Einwirkung von Bandzugspannungen beim Kaltwalzen von Bandstahl
1960. 36 Seiten, 12 Abb., 3 Tafeln. DM 10,90

HEFT 841
Dr. rer. nat. Hubert Blanck, Max-Planck-Institut für Eisenforschung, Düsseldorf
Untersuchungen zur Kinetik des Martensitzerfalls
1960. 33 Seiten, 11 Abb., 2 Tabellen. DM 10,30

HEFT 849
Direktor Ludwig Martin, Wuppertal-Elberfeld und Friedrich Steiner, Ratingen
Weiterentwicklung von Friktionswerkstoffen
1960. 66 Seiten, 70 Abb., 3 Tabellen. DM 20,50

HEFT 939
Prof. Dr.-Ing. habil. Wilhelm Petersen und
Dipl.-Ing. Hans Mingenbach, Dozentur für Brikettierung der Rhein.-Westf. Technischen Hochschule Aachen
Untersuchungen über die Herstellung von Erzbriketts
1961. 83 Seiten, 67 Abb., 2 Tabellen. DM 25,60

HEFT 957
Prof. Dr.-Ing. Dr.-Ing. E. h. Hermann Schenck,
Prof. Dr.-Ing. Eugen Schmidtmann und
Dr.-Ing. Helmut Brandis, Institut für Eisenhüttenwesen der Rhein.-Westf. Technischen Hochschule Aachen
Mechanische und physikalische Prüfverfahren zur Ermittlung der Vorgänge bei der Abschreck- und Verformungsalterung
1961. 47 Seiten, 34 Abb. DM 14,90

HEFT 958
Prof. Dr.-Ing. Dr.-Ing. E. h. Hermann Schenck,
Prof. Dr.-Ing. Eugen Schmidtmann und
Dr.-Ing. Heinz Müller, Institut für Eisenhüttenwesen der Rhein.-Westf. Technischen Hochschule Aachen
Untersuchungen zur Isolierung von Einschlüssen und Korngrenzensubstanzen in Eisenwerkstoffen nach dem Dünnschliffverfahren. Innere Oxydation von Eisenlegierungen
1961. 50 Seiten, 33 Abb., 2 Tabellen. DM 15,90

HEFT 961
Prof. Dr.-Ing. Wilhelm Patterson und
Dr.-Ing. Dietmar Boenisch, Gießerei-Institut der Rhein.-Westf. Technischen Hochschule Aachen
Eigenschaften und Eigenschaftsänderungen der Tonmineralien in Formsanden
1961. 33 Seiten, 16 Abb. DM 10,90

HEFT 962
Prof. Dr.-Ing. Wilhelm Patterson und
Dr.-Ing. Philipp Schneider, Gießerei-Institut der Rhein.-Westf. Technischen Hochschule Aachen
Untersuchungen über die Oberflächenfeingestalt von Gußstücken
1961. 69 Seiten, 52 Abb., 1 Bildtafel. DM 20,80

HEFT 963
Prof. Dr.-Ing. Wilhelm Patterson und
Dr.-Ing. Wilhelm Weskamp, Gießerei-Institut der Rhein.-Westf. Technischen Hochschule Aachen
Versuche zur Steigerung der Temperatur in der Schmelzzone des Kupolofens und zur Erzielung eines optimalen thermischen Wirkungsgrades durch Verwendung von HC-Koks in unterschiedlicher Stückgröße
1961. 87 Seiten, 29 Abb., 30 Tabellen. DM 28,30

HEFT 964
Prof. Dr.-Ing. Wilhelm Patterson und
Dr.-Ing. Friedrich Iske, Gießerei-Institut der Rhein.-Westf. Technischen Hochschule Aachen
Zusammenhang zwischen den mechanischen Eigenschaften im Gußstück und im getrennt gegossenen Probestab
1961. 82 Seiten, 53 Abb., 13 Tabellen. DM 23,80

HEFT 968
Prof. Dr.-Ing. habil. Anton Königer †, Institut für Gießereikunde der Technischen Universität Berlin
Zur Kenntnis der Passivierbarkeit und Korrosionsbeständigkeit technischer Eisensorten
1961. 25 Seiten, 7 Abb., 8 Tabellen. DM 8,90

HEFT 969
Prof. Dr. phil. Erich Scheil, Düsseldorf
Über den Zustand von Metallschmelzen
1961. 37 Seiten, 23 Abb., 2 Tabellen. DM 11,90

HEFT 970
*Prof. Dr.-Ing. Anton Königer † und
Dipl.-Ing. Günther Kuhl, Institut für Gießereikunde der Technischen Universität Berlin*
Der Einfluß verschiedener Begleit- und Legierungselemente auf das Viskositätsverhalten von Gußeisenschmelzen
1961. 26 Seiten, 14 Abb., 6 Tabellen. DM 8,60

HEFT 1016
Dr. rer. nat. W. Jellinghaus, Max-Planck-Institut für Eisenforschung, Düsseldorf
Sinterwerkstoffe aus Nickel oder Nickelaluminid mit Aluminiumoxyd
1961. 33 Seiten, 22 Abb., 6 Tabellen. DM 13,50

HEFT 1057
*Prof. Dr.-Ing. Dr.-Ing. E. h. Hermann Schenck, Dr.-Ing. Werner Wenzel und
Dr.-Ing. Hanns-Dieter Butzmann, Institut für Eisenhüttenwesen der Rhein.-Westf. Technischen Hochschule Aachen*
Die Reduktion von Eisenerzen im heterogenen Wirbelbett
1961. 87 Seiten, 32 Abb., 5 Tabellen. DM 28,20

HEFT 1067
*Prof. Dr.-Ing. Dr.-Ing. E. h. Hermann Schenck und
Dr.-Ing. Klaus-Dieter Unger, Institut für Eisenhüttenwesen der Rhein.-Westf. Technischen Hochschule Aachen*
Versuche zur Bestimmung von Verunreinigungen in Metallen; insbesondere von Oxyden und Oxydverbindungen in technischen Stählen
1962. 34 Seiten, 10 Abb., 3 Tabellen. DM 13,40

HEFT 1068
*Prof. Dr.-Ing. Dr.-Ing. E. h. Hermann Schenck, Dr.-Ing. Werner Wenzel, Dr.-Ing. Günter Lindelar, Prof. Dr.-Ing. Rudolf Spolders und
Dr.-Ing. Hilmar Weidenmüller, Institut für Eisenhüttenwesen der Rhein.-Westf. Technischen Hochschule Aachen*
Der Einfluß des Schwefels und der Kohlenoxydspaltung auf den Hochofenprozeß
1962. 222 Seiten, 99 Abb., 51 Tabellen. DM 49,50

HEFT 1083
*Prof. Dr.-Ing. Franz Bollenrath und
Ahmed Ali Salem El-Sabbagh, Institut für Werkstoffkunde der Rhein.-Westf. Technischen Hochschule Aachen*
Untersuchungen über die Warmfestigkeit von Hartlötverbindungen
1963. 80 Seiten, 88 Abb., 7 Tabellen. DM 59,40

HEFT 1092
*Prof. Dr.-Ing. habil. Anton Königer † und
Dr.-Ing. Manfred Odendahl, Institut für Gießereikunde der Technischen Universität Berlin*
Der Einfluß von Oxyden auf die Viskosität von reinen Eisen-Kohlenstoff-Silizium-Legierungen
1962. 23 Seiten, 9 Abb. DM 10,40

HEFT 1093
*Dr.-Ing. Wolf Dieter Röpke und
Dr.-Ing. Abbas Sabé, Institut für Gießereikunde der Technischen Universität Berlin*
Das Fließvermögen und die Warmrißneigung von Stahl mit besonderer Berücksichtigung des Einflusses von hohen Molybdängehalten
1962. 37 Seiten, 21 Abb., 4 Tabellen. DM 17,—

HEFT 1094
*Prof. Dr.-Ing. habil. Anton Königer † und
Prof. Dr. phil. Emanuel Pfeil, Institut für Gießereikunde der Technischen Universität Berlin*
Versuche zur Entwicklung von Korrosions-Prüfmethoden
1962. 23 Seiten, 7 Abb., 3 Tabellen. DM 10,80

HEFT 1113
Dr. rer. nat. Wolfgang Pitsch, Max-Planck-Institut für Eisenforschung, Düsseldorf
Die kristallographischen Eigenschaften der Nitridausscheidungen im α-Eisen
1962. 21 Seiten, 8 Abb., 3 Tabellen. DM 11,—

HEFT 1114
*Dipl.-Chem. Dr. phil. Siegfried Eckhard und
Dipl.-Phys. Walter Baum, Max-Planck-Institut für Eisenforschung, Düsseldorf*
Über ein physikalisches Verfahren zur Bestimmung des Wasserstoffs im ternären Gemisch mit Stickstoff und Kohlenmonoxyd
1962. 63 Seiten, 31 Abb. DM 39,80

HEFT 1122
*Prof. Dr.-Ing. Dr.-Ing. E. h. Hermann Schenck, Dozent Dr.-Ing. Werner Wenzel und
Dr.-Ing. Günther Dietrich, Institut für Eisenhüttenwesen der Rhein.-Westf. Technischen Hochschule Aachen*
Reaktionskinetische Betrachtung des Sintervorganges und Möglichkeiten zur Leistungssteigerung. Entwicklung eines Schachtsinterverfahrens
1962. 93 Seiten, 24 Abb., 5 Tabellen. DM 44,50

HEFT 1158
Dr.-Ing. habil. Alfred Krisch, Max-Planck-Institut für Eisenforschung, Düsseldorf
Über die Extrapolation von Zeitstandversuchen
1963. 31 Seiten, 13 Abb., 2 Tabellen. DM 17,50

HEFT 1190
Dipl.-Ing. Otto Schulte, Bericht aus dem Institut für Bildsame Formgebung der Rhein.-Westf. Technischen Hochschule Aachen
Einfluß kleiner Formänderungsgeschwindigkeiten auf die Formänderungsfestigkeit verschieden legierter Stähle und Nicht-Eisen-Metalle bei Warm-Formgebungstemperaturen
1966. 92 Seiten, 79 Abb., 3 Tabellen. DM 72,—

HEFT 1191
*Prof. Dr.-Ing. habil. Anton Königer †,
Dr.-Ing. Manfred Odendahl und Eberhard Pahl, Institut für Gießereikunde der Technischen Universität Berlin*
Über die Bildsamkeit von tongebundenen Formsanden
1963. 33 Seiten, 21 Abb., 4 Tabellen. DM 18,—

HEFT 1192
Prof. Dr.-Ing. habil. Anton Königer † und
Dr.-Ing. Peter R. Sahm, Institut für Gießereikunde der
Technischen Universität Berlin
Das Fließvermögen reiner und sauerstoffhaltiger
Kupferschmelzen
  1963. 47 Seiten, 38 Abb. 3 Tabellen. DM 31,80

HEFT 1193
Prof. Dr.-Ing. Helmut Winterhager und
Dr.-Ing. Reinhard K. Buchner, Institut für Metallhüttenwesen und Elektrometallurgie der Rhein.-Westf. Technischen Hochschule Aachen
Beitrag zum experimentellen Problem der Messung schneller Elektrodenvorgänge
  1963. 40 Seiten, 14 Abb. DM 17,—

HEFT 1194
Dr. rer. nat. Werner Jellinghaus, Max-Planck-Institut für Eisenforschung, Düsseldorf
Beiträge zur Konstitution metallischer Stoffe durch Suszeptibilitätsmessungen
  1963. 25 Seiten, 8 Abb., 3 Tabellen. DM 14,—

HEFT 1253
Dipl.-Ing. Alfred Puck, Dipl.-Ing. Horst Wurtinger, Deutsches Kunststoffinstitut, Darmstadt
Werkstoffgemäße Dimensionierungs-Größen für den Entwurf von Bauteilen aus kunstharzgebundenen Glasfasern
Teil I und II
  1963. 149 Seiten, 73 Abb., 8 Tabellen. DM 76,—

HEFT 1305
Dr. phil. Hermann Möller und
Dipl.-Phys. Helmut Weeber, Max-Planck-Institut für Eisenforschung, Düsseldorf
Die Bildgüte bei der Durchstrahlung von Werkstoffen mit Röntgen- oder Gammastrahlen von 0,1 bis 31 MeV
  1963. 69 Seiten, 40 Abb., 2 Tabellen. DM 32,90

HEFT 1344
Prof. Dr.-Ing. Dr.-Ing. E. h. Hermann Schenck, Dozent Dr.-Ing. Werner Wenzel,
Dr.-Ing. Hans D. Kluger, Institut für Eisenhüttenwesen der Rhein.-Westf. Technischen Hochschule Aachen
Über das Reduktionsverhalten eisenoxydhaltiger Schlacken
  1964. 91 Seiten, 60 Abb., 6 Tabellen im Anhang. DM 44,—

HEFT 1355
Dr.-Ing. habil. Alfred Krisch, Max-Planck-Institut für Eisenforschung, Düsseldorf
Kriechverhalten, Gefügeänderung und Risse bei mehrjährigen Zeitstandversuchen
  1964. 27 Seiten, 17 Abb., 6 Tabellen. DM 14,80

HEFT 1379
Dr. phil. nat. Max Hempel, Max-Planck-Institut für Eisenforschung, Düsseldorf
Dauerschwingfestigkeit bei 20 und 500°C von Stählen mit niedrigem Kohlenstoffgehalt und verschiedenen Titan-Zusätzen
  1964. 58 Seiten, 27 Abb., 12 Tabellen. DM 34,—

HEFT 1384
Dr. rer. nat. Hans-Jürgen Engell, Dr. rer. nat. Anton Bäumel und Dr. rer. nat. Konrad Bohnenkamp, Max-Planck-Institut für Eisenforschung, Düsseldorf
Die Spannungsrißkorrosion von Weicheisen in Kalzium-Nitratlösungen
  1964. 46 Seiten, 27 Abb., 2 Tabellen. DM 25,50

HEFT 1385
Prof. Dr.-Ing. Helmut Winterhager und Dr.-Ing. Roland Kammel, Institut für Metallhüttenwesen und Elektrometallurgie der Rhein.-Westf. Technischen Hochschule Aachen
Über die elektrochemischen Grundlagen der Zinkchlorid-Schmelzflußelektrolyse
  1964. 52 Seiten, 22 Abb., 24 Tabellen. DM 25,50

HEFT 1387
Dipl.-Chem. Wolfgang Werner, im Auftrage der Deutschen Industrie-Werke Aktiengesellschaft, Berlin-Spandau
Verbesserung der Eigenschaften von Sinterteilen durch Nachbehandlung (Oberflächenveredelung, Korrosionsschutz)
  1964. 44 Seiten, 21 Abb., 16 Tabellen. DM 23,80

HEFT 1391
Dipl.-Phys. Dr. rer. nat. Ernst Wachtel und Dipl.-Phys. Erich Übelacker, Max-Planck-Institut für Metallforschung, Stuttgart, im Auftrage des Vereins Deutscher Gießereifachleute, Düsseldorf
Messung der Dichte und der magnetischen Suszeptibilität von Zinn–Zink-Legierungen
  1964. 42 Seiten, 23 Abb., 4 Tabellen. DM 23,50

HEFT 1398
Prof. Dr.-Ing. Eberhard Schürmann und Dr.-Ing. Horst-Carsten Groth, Institut für Gießereiwesen der Bergakademie Clausthal, im Auftrage des Vereins Deutscher Gießereifachleute, Düsseldorf
Schmelzgleichgewichte im System Eisen-Schwefel-Kohlenstoff-Phosphor und Silizium bei 1400°C
  1964. 31 Seiten, 6 Abb., 6 Tabellen. DM 15,50

HEFT 1403
Dr. phil. nat. Gerhard Zapf, Dipl.-Ing. Ulrich Völker und Ing. Rudolf Reinstadtler, im Auftrage der Forschungsgemeinschaft Pulvermetallurgie, Schwelm
Entwicklung von Fertigungsmethoden zur Erzeugung hochfester Sinterteile, Teil I und II
  1965. 170 Seiten, 54 Abb., 13 Tabellen, 29 Auswertungstafeln, 55 Diagramme. DM 74,50

HEFT 1414
Prof. Dr. phil. Walter Koch, Dipl.-Phys. Helga Kolbe-Rohde und Dr. rer. nat. Jürgen Dittmann, Max-Planck-Institut für Eisenhüttenwesen der Rhein.-Westf. Technischen Hochschule Aachen
Untersuchungen zur Kinetik der Karbidbildung in Chromstählen
    1964. 21 Seiten, 6 Abb., 4 Tabellen. DM 12,—

HEFT 1415
Prof. Dr.-Ing. Dr.-Ing. E. h. Hermann Schenck, Dozent Dr.-Ing. Werner Wenzel und Dr.-Ing. Trimbak Herwadkar, Institut für Eisenhüttenwesen der Rhein.-Westf. Technischen Hochschule Aachen
Stückigmachung von Feinerz auf dem Wanderrost in Gemischen mit Feinkohle
    1964. 100 Seiten, 34 Abb., 21 Tabellen. DM 43,80

HEFT 1416
Prof. Dr.-Ing. Dr. h. c. Herwart Opitz und Dipl.-Ing. H. H. Bech, Laboratorium für Werkzeugmaschinen und Betriebslehre der Rhein.-Westf. Technischen Hochschule Aachen, im Auftrage des Vereins Deutscher Gießereifachleute, Düsseldorf
Bearbeitung von Leichtmetallen
    1964. 39 Seiten, 22 Abb., 5 Tabellen. DM 26,50

HEFT 1419
Prof. Dr. phil. Adolf Rose, Dr.-Ing. Hans Paul Hougardy und Dr.-Ing. Albert Klein, Max-Planck-Institut für Eisenforschung, Düsseldorf
Der Einfluß der Unterkühlung auf die Kristallisationsformen von voreutektoidisch ausgeschiedenen Phasen und von eutektoidischen Phasengemengen
    1964. 83 Seiten, 51 Abb., 4 Tabellen. DM 47,50

HEFT 1420
Prof. Dr. phil. Erich Scheil † und Dr. rer. nat. Hans Leo Lukas, im Auftrage des Vereins Deutscher Gießereifachleute, Düsseldorf
Messung des Dampfdruckes von magnesiumhaltigen Gußeisenschmelzen
    1964. 19 Seiten, 8 Abb. DM 12,—

HEFT 1428
Prof. Dr.-Ing. Max Vater, Dipl.-Ing. Gerhard Nebe und Dipl.-Ing. Ansgar Schütza, Institut für Bildsame Formgebung der Rhein.-Westf. Technischen Hochschule Aachen
Mechanische Entzunderung von Blechen und Bändern
    1965. 104 Seiten, 124 Abb., 6 Tabellen. DM 66,80

HEFT 1447
Dr. phil. Wolfgang Wepner, Max Planck-Institut für Eisenforschung, Düsseldorf
Restwiderstandsmessungen an reinem Eisen
    1964. 23 Seiten, 5 Abb., 2 Tabellen. DM 12,50

HEFT 1448
Dr. rer. nat. Ralf Damm und Dr. rer. nat. Ernst Wachtel, Max-Planck-Institut für Metallforschung, Stuttgart, im Auftrage des Vereins Deutscher Gießereifachleute, Düsseldorf
Magnetische Messungen und kinetische Versuche an flüssigen Wismut-Mangan-Legierungen
    1965. 25 Seiten, 9 Abb. DM 12,80

HEFT 1474
Prof. Dr.-Ing. Max Vater, Dipl.-Ing. Gerhard Nebe und Dipl.-Ing. Ansgar Schütza, Institut für Bildsame Formgebung der Rhein.-Westf. Technischen Hochschule Aachen
Beitrag zur mechanischen Entzunderung von Draht
    1965. 35 Seiten, 19 Abb. DM 19,80

HEFT 1482
Prof. Dr. Theo Heumann und Richard Schürmann, Institut für Metallforschung der Universität Münster
Über die Beeinflussung der Passivierbarkeit aktiver Metalle durch Zulegieren von Chrom und Nickel
    1965. 43 Seiten, 27 Abb. DM 23,50

HEFT 1487
Dr.-Ing. Werner Schwenzfeier und Dr.-Ing. Oskar Pawelski, Max-Planck-Institut für Eisenforschung, Düsseldorf
Glühversuche an Stahldrähten in verschiedenen Ofenatmosphären
    1965. 45 Seiten, 34 Abb., 2 Tabellen. DM 25,80

HEFT 1491
Prof. Dr.-Ing. Wilhelm Patterson, Dr.-Ing. Peter Coppetti
Gießerei-Institut der Rhein.-Westf. Technischen Hochschule Aachen
Prof. Dr.-Ing. Dr. h. c. Herwart Opitz
Laboratorium für Werkzeugmaschinen und Betriebslehre der Rhein.-Westf. Technischen Hochschule Aachen
Zerspanbarkeit von Grauguß
    1965. 109 Seiten, 54 Abb., 5 Tabellen. 59,50

HEFT 1492
Dr. phil. nat. Max Hempel und Dr. rer. nat. Emil Hillnhagen, Max-Planck-Institut für Eisenforschung, Düsseldorf
Einfluß der Erschmelzungsart auf die Dauerschwingfestigkeit ungekerbter und gekerbter Proben eines Wälzlagerstahles
    1965. 63 Seiten, 21 Abb., 12 Tabellen. DM 38,—

HEFT 1495
Prof. Dr.-Ing. Wilhelm Patterson, Dr.-Ing. Helmut Brand und Dipl.-Ing. Heinrich Traßl, Gießerei-Institut der Rhein.-Westf. Technischen Hochschule Aachen
Das Viskositätsverhalten flüssiger Bleilegierungen im Konzentrationsbereich der festen Löslichkeit
    1965. 24 Seiten, 9 Abb., 2 Tabellen. DM 13,—

HEFT 1496
Prof. Dr. phil. Karl Löhberg und Dipl.-Ing. Günther Kühl, Institut für Gießereikunde der Technischen Universität Berlin, im Auftrage des Vereins Deutscher Gießereifachleute, Düsseldorf
Einfluß von Magnesium und Cer auf die Viskosität behandelter Gußeisenschmelzen sowie Abbrand des Magnesiums und Änderung des Sauerstoffgehaltes in Abhängigkeit von der Abstehzeit
1965. 26 Seiten, 7 Abb., 5 Tabellen. DM 12,80

HEFT 1502
Prof. Dr.-Ing. Wilhelm Patterson, Dr.-Ing. Walter Koppe und Dr.-Ing. Siegfried Engler, Gießerei-Institut der Rhein.-Westf. Technischen Hochschule Aachen
Untersuchungen zur Erstarrung und Speisung von Gußeisen
1965. 96 Seiten, 51 Abb., 3 Tabellen. DM 52,80

HEFT 1503
Prof. Dr.-Ing. Max Vater, Dipl.-Ing. Gerhard Nebe und Dipl.-Ing. Ansgar Schütza, Institut für Bildsame Formgebung der Rhein.-Westf. Technischen Hochschule Aachen
Beitrag zur Prüfung metallischer Strahlmittel
1965. 77 Seiten, 69 Abb., 11 Tabellen. DM 49,—

HEFT 1534
Prof. Dr. phil. Adolf Rose, Max-Planck-Institut für Eisenforschung, Düsseldorf
Schweißbarkeit und Umwandlungsverhalten der Stähle
1965. 57 Seiten, 20 Abb., 5 Tabellen. DM 39,—

HEFT 1552
Fachausschuß Stahlguß im Verein Deutscher Gießereifachleute, Düsseldorf
Einfluß der Oberflächenbeschaffenheit auf die Dauerfestigkeit von Stahlguß
1965. 38 Seiten, zahlr. Abb. und Tabellen. DM 24,80

HEFT 1571
Dr. phil. Heinz Kudielka und M. Sc. Teruo Yukitoshi, Max-Planck-Institut für Eisenforschung, Düsseldorf
Röntgenfluoreszenz-Untersuchungen an kleinen Feststoff-Oberflächen und konzentrierten Salzlösungen
1965. 48 Seiten, 24 Abb., 13 Tabellen. DM 29,50

HEFT 1578
Prof. Dr.-Ing. Franz Bollenrath und Dipl.-Ing. Hugo Feldmann, Institut für Werkstoffkunde der Rhein.-Westf. Technischen Hochschule Aachen
Einfluß der Verformung und Temperatur auf mechanische Eigenschaften von unlegiertem Titan
1966. 103 Seiten, 43 Abb., 11 Tabellen. DM 62,50

HEFT 1580
Prof. Dr.-Ing. Hermann Schenck und Dr.-Ing. Franz Neumann, Institut für Eisenhüttenwesen und Gießerei-Institut der Rhein-Westf. Hochschule Aachen
Über den Einfluß von Zusatzelementen auf das Verhalten des Kohlenstoffs in flüssigen Eisenlegierungen und die Beziehung zu ihrer Stellung im Periodischen System
1966. 29 Seiten, 15 Abb., 2 Tabellen. DM 23,—

HEFT 1589
Prof. Dr.-Ing. Dr.-Ing. E. h. Hermann Schenck, Aachen, Prof. Dr.-Ing. habil. Mathias Nacken, Aachen, Dr.-Ing. Ernst Potthast, Völklingen, und Dipl.-Phys. Edith Butenuth, Aachen.
Institut für Eisenhüttenwesen und Gemeinschaftslabor für Elektronenmikroskopie der Rhein.-Westf. Technischen Hochschule Aachen
Untersuchungen über die Existenzbereiche der Eisenkarbide mit Hilfe der Elektronenmikroskopie und Elektronenbeugung
1966. 81 Seiten, 47 Abb., 6 Tabellen. DM 55,30

HEFT 1591
Prof. Dr.-Ing. Wilhelm Patterson und Dozent Dr.-Ing. Siegfried Engler, Gießerei-Institut der Rhein.-Westf. Technischen Hochschule Aachen
Volumendefizit und Lunkerung bei der Erstarrung von Metallen
1966. 51 Seiten, 29 Abb., 5 Tabellen. DM 31,—

HEFT 1592
Prof. Dr.-Ing. habil. Dr. h. c. Max Fink und Dr.-Ing. Alfred E. Steinegger, Institut für Fördertechnik und Schienenfahrzeuge der Rhein.-Westf. Technischen Hochschule Aachen.
Direktor: Prof. Dr.-Ing. habil. Dr. h. c. Max Fink und Forschungsinstitut der Gesellschaft zur Förderung der Glimmentladungsforschung e. V., Köln
Direktor: Prof. Dr. Martin Schmeisser
Die Erscheinung der Reiboxydation an ionitrierten Stahloberflächen
1965. 83 Seiten, 10 Abb., 16 Tabellen, 15 Tafeln. DM 49,50

HEFT 1615
Prof. Dr.-Ing. Wilhelm Patterson und Dozent Dr.-Ing. Siegfried Engler, Gießerei-Institut der Rhein.-Westf. Technischen Hochschule Aachen
Die »gerichtete Erstarrung« als Voraussetzung zur Herstellung dichter Gußstücke
1966. 33 Seiten, 17 Abb., 2 Tabellen. DM 18,—

HEFT 1617
Dr.-Ing. Alfred F. Steinegger und Dipl.-Ing. Josef Kläusler, Forschungsinstitut der Gesellschaft zur Förderung der Glimmentladungsforschung e. V., Köln
Direktor: Prof. Dr. Martin Schmeißer
Untersuchung der Notlaufeigenschaften inoitrierter Laufflächen bei gleitender Reibung
1966. 39 Seiten, 28 Abb., 5 Tabellen. DM 24,20

HEFT 1622
Prof. Dr.-Ing. Wilhelm Patterson, Prof. Dr.-Ing. Hermann Schenck und Priv.-Doz. Dr.-Ing. Franz Neumann Gießerei-Institut der Rhein.-Westf. Technischen Hochschule Aachen und Institut für Eisenhüttenwesen der Rhein.-Westf. Technischen Hochschule Aachen
Einfluß der Eisenbegleiter auf Kohlenstofflöslichkeit, Kohlenstoffaktivität und Sättigungsgrad im Gußeisen
1966. 30 Seiten, 5 Abb., 2 Tabellen. DM 24,—

HEFT 1626
Prof. Dr.-Ing. Dr.-Ing. E. h. Hermann Schenck, Dozent Dr.-Ing. Werner Wenzel, Dr.-Ing. B. R. Rajasekhar und Dipl.-Phys. Franz Rudolf Block, Institut für Eisenhüttenwesen der Rhein.-Westf. Technischen Hochschule Aachen
Das metallurgische und elektrische Verhalten von Koks, insbesondere von Erzkoks, unter den realen Bedingungen des elektrischen Niederschachtofens
1966. 135 Seiten, 76 Abb., 20 Tabellen. DM 85,80

HEFT 1627
Prof. Dr.-Ing. Dr.-Ing. E. h. Hermann Schenck, Dozent Dr.-Ing. Werner Wenzel und Dr.-Ing. Karl-Heinz Kleemann, Institut für Eisenhüttenwesen der Rhein.-Westf. Technischen Hochschule Aachen
Entzinkung von Gichtstaub im Schmelzyklon
1966. 82 Seiten, 33 Abb., 2 Tabellen. DM 43,40

HEFT 1628
Prof. Dr.-Ing. Wilhelm Patterson und Dr.-Ing. Wolfgang Standke, Gießerei-Institut der Rhein.-Westf. Technischen Hochschule Aachen, in Zusammenarbeit mit dem Verein Deutscher Gießereifachleute, Düsseldorf
Einfluß der Einsatzstoffe, der Schmelzführung im Induktionsofen und der Impfbehandlung auf das Gefüge und die mechanischen Eigenschaften von Gußeisen mit Lamellengraphit
1966. 69 Seiten, 33 Abb., 7 Tabellen. DM 40,—

HEFT 1629
Priv.-Dozent Dr.-Ing. Franz Neumann, Prof. Dr.-Ing. Wilhelm Patterson und Dipl.-Ing. Dieter Albrecht, Gießerei-Institut der Rhein.-Westf. Technischen Hochschule Aachen
Gleichgewichtsuntersuchungen über den gemeinsamen Einfluß von Mangan und Schwefel auf das physikalisch-chemische Verhalten des im flüssigen Eisen gelösten Kohlenstoffs im Bereich der Kohlenstoffsättigung
1966. 40 Seiten, 14 Abb., 4 Tabellen. DM 28,70

HEFT 1630
Prof. Dr.-Ing. Helmut Winterhager, Dr.-Ing. Lothar Greiner und Dr.-Ing. Roland Kammel, Institut für Metallhüttenwesen und Elektrometallurgie der Rhein.-Westf. Technischen Hochschule Aachen
Untersuchungen über die Dichte und die elektrische Leitfähigkeit von Schmelzen der Systeme $CaO-Al_2O_3-SiO_2$ und $CaO-MgO-Al_2O_3-SiO_2$
1966. 44 Seiten, 23 Abb., 6 Tabellen. DM 30,—

HEFT 1644
Dipl.-Ing. Ralf Fangmeier und Dr. phil. Wolfgang Wepner, Max-Planck-Institut für Eisenforschung, Düsseldorf
Versuchseinrichtung und Versuche zur Erholung eines austenitischen Stahles nach plastischer Verformung bei 4,2°K
1966. 31 Seiten, 5 Abb. DM 18,40

HEFT 1659
Prof. Dr.-Ing. Wilhelm Patterson und Dr.-Ing. Dietmar Boenisch, Gießerei-Institut der Rhein.-Westf. Technischen Hochschule Aachen
Die Wasserbindung an Tonen und ihre Bedeutung für die Fertigkeit des Gießereiformsandes
1966. 35 Seiten, 8 Abb., 1 Tabelle. DM 18,80

HEFT 1695
Dr. rer. nat. Dietrich Meinhardt, Max-Planck-Institut für Eisenforschung, Düsseldorf
Strukturbestimmung durch Kernstreuung und magnetische Streuung thermischer Neutronen
1966. 44 Seiten, 14 Abb., 11 Tabellen. DM 32,30

HEFT 1743
Dr.-Ing. Alfred F. Steinegger und Dipl.-Ing. Siegfried Jentzsch, Gesellschaft zur Förderung der Glimmentladungsforschung e. V., Köln. – Direktor: Prof. Dr. Martin Schmeisser
Das Verhalten ionitrierter Oberflächen beim statischen Torsionsversuch
1966. 39 Seiten, 19 Abb., 2 Tabellen. DM 24,40

HEFT 1745
Dr. phil. nat. Gerhard Zapf, Dipl.-Ing. Jörg Niessen und Ing. Rudolf Reinstadtler, Forschungsgemeinschaft Pulvermetallurgie e. V., Schwelm
Untersuchung über die Wärmebehandlung legierter Sinterstähle mit Kupfer und Nickel als Legierungselemente
1966. 41 Seiten, 32 Abb., 6 Tabellen. DM 32,—

HEFT 1746
Dipl.-Phys. Franz-Rudolf Block, Roetgen, Prof. Dr.-Ing., Dr.-Ing. E. h. Hermann Schenck, Aachen, und Dozent Dr.-Ing. Werner Wenzel, Aachen, Institut für Eisenhüttenwesen der Rhein.-Westf. Technischen Hochschule Aachen
Der Gegenstromwärmeaustausch in Wirbelbetten
1966. 41 Seiten, 32 Abb., 6 Tabellen. DM 32,—

HEFT 1752
Priv.-Doz. Dr.-Ing. Günther Woelk, Institut für Industrieofenbau und Wärmetechnik im Hüttenwesen der Rhein.-Westf. Technischen Hochschule Aachen
Ein Näherungsverfahren zur numerischen Berechnung instationärer Temperaturfelder
1966. 72 Seiten, 7 Abb., 13 Tafeln. DM 54,60

HEFT 1753
Prof. Dr.-Ing. Helmut Winterhager und Dr.-Ing. Roland Kammel, Institut für Metallhüttenwesen und Elektrometallurgie der Rhein.-Westf. Technischen Hochschule Aachen
Über die Metallgehalte in den Schlacken des Bleischachtofenprozesses und ihr Verhalten im elektrischen Feld
1966. 44 Seiten, 17 Abb., 7 Tabellen. DM 31,—

HEFT 1775
Dr.-Ing. Oskar Pawelski und Dr.-Ing. Eberhard Neuschütz, Max-Planck-Institut für Eisenforschung, Düsseldorf
Beitrag zu den Grundlagen des Walzens in Streckkalibern

HEFT 1786
*Dipl.-Ing. Siegfried Jentzsch und Dr.-Ing. Alfred F. Steinegger, Forschungsinstitut der Gesellschaft zur Förderung der Glimmentladungsforschung e.V., Köln
Direktor: Prof. Dr. Martin Schmeisser*
Der Einfluß chemisch aktiver und inaktiver Gase bei der Behandlung von Stahloberflächen in der Glimmentladung
1966. 33 Seiten, 15 Abb., 7 Tabellen. DM 22,60

HEFT 1802
Prof. Dr. phil. Walter Koch und Dipl.-Chem. Dr. rer. nat. Günter Holec, Max-Planck-Institut für Eisenforschung, Düsseldorf
Isolierung und Untersuchungen der Oxydeinschlüsse in unberuhigten und teilberuhigten Stählen

HEFT 1804
Prof. Dr.-Ing. habil. Wilhelm Anton Fischer und Dr.-Ing. Michael Haussmann, Max-Planck-Institut für Eisenforschung, Düsseldorf
Elektrochemische Messungen an Eisen-Sauerstoff-Schmelzen   *In Vorbereitung*

HEFT 1805
Prof. Dr.-Ing. habil. Wilhelm Anton Fischer und Dr.-Ing. Werner Ertmer, Max-Planck-Institut für Eisenforschung, Düsseldorf
Die Untersuchung des Wärmeinhalts, der Wärmeleitfähigkeit und der elektrischen Leitfähigkeit von Schmelzkalk, Band I und II   *In Vorbereitung*

HEFT 1806
Dr. rer. nat. Priv.-Doz. Werner Schaarwächter, Frankfurt, Dipl.-Ing. Liselotte Jasper, Aachen und Prof. Dr. rer. nat. Kurt Lücke, Institut für Allgemeine Metallkunde und Metallphysik der Rhein.-Westf. Technischen Hochschule Aachen
Der Einfluß der Versetzungsstruktur auf die Kristallauflösung   *In Vorbereitung*

HEFT 1808
Prof. Dr.-Ing. Wilhelm Patterson und Dr.-Ing. Wolfgang Standke, Gießerei-Institut der Rhein.-Westf. Technischen Hochschule Aachen
Bestimmungsverfahren und Größe der Schlagzähigkeit von Gußeisen mit Lamellengraphit
In Vorbereitung

HEFT 1818
Prof. Dr.-Ing. Wilhelm Patterson und Dr.-Ing. Günter Dietzel, Gießerei-Institut der Rhein.-Westf. Technischen Hochschule Aachen
Beitrag zur Frage von Eigenspannungen im Grauguß   *In Vorbereitung*

HEFT 1819
Prof. Dr. phil. Adolf Rose, Ratingen und Dr.-Ing. Leo Rademacher, Witten, Max-Planck-Institut für Eisenforschung, Düsseldorf
Umwandlungen in warmfesten Stählen
Versuch einer Gleichgewichtsdarstellung der Karbidphasen   *In Vorbereitung*

HEFT 1825
Klaus Krone, Joachim Krüger und Helmut Winterhager, Institut für Metallhüttenwesen und Elektrometallurgie der Rhein.-Westf. Technischen Hochschule Aachen
Beitrag zum Schmelzen von NiCr-Basislegierungen im Hochvakuum
Schrifttumsübersicht und vakuummetallurgische Grundlagen   *In Vorbereitung*

HEFT 1826
Dr. phil. nat. Max Hempel, Max-Planck-Institut für Eisenforshung
Verformungserscheinungen an der Oberfläche biegewechselbeanspruchter austenitischer Stahlproben bei Raumtemperatur   *In Vorbereitung*

Verzeichnisse der Forschungsberichte aus folgenden Gebieten können beim Verlag angefordert werden:
Acetylen/Schweißtechnik – Arbeitswissenschaft – Bau/Steine/Erden – Bergbau – Biologie – Chemie – Druck/Farbe/Papier/Photographie – Eisenverarbeitende Industrie – Elektrotechnik/Optik – **Energiewirtschaft** – Fahrzeugbau/Gasmotoren – Fertigung – Funktechnik/Astronomie – Gaswirtschaft – Holzbearbeitung – Hüttenwesen/Werkstoffkunde – Kunststoffe – Luftfahrt/Flugwissenschaften – Luftreinhaltung – Maschinenbau – Mathematik – Medizin/Pharmakologie – NE-Metalle – Physik – Rationalisierung – Schall/Ultraschall – Schiffahrt – Textilforschung – Turbinen – Verkehr – Wirtschaftswissenschaften.

WESTDEUTSCHER VERLAG · KÖLN UND OPLADEN
567 Opladen/Rhld., Ophovener Straße 1-3

If you have any concerns about our products,
you can contact us on
ProductSafety@springernature.com

In case Publisher is established outside the EU,
the EU authorized representative is:
**Springer Nature Customer Service Center GmbH
Europaplatz 3, 69115 Heidelberg, Germany**

Printed by Libri Plureos GmbH
in Hamburg, Germany